Cuadernos de lógica, epistemología y lenguaje

Volumen 3

Física
Estudios Filosóficos e Históricos

Cuadernos de Lógica, epistemología y lenguaje
Series Editors

Shahid Rahman and Juan Redmond

Física
Estudios Filosóficos e Históricos

Editores

Roberto A. Martins

Guillermo Boido

y

Víctor Rodríguez

ISBN 978-1-84890-089-9

College Publications
Scientific Director: Dov Gabbay
Managing Director: Jane Spurr
Department of Informatics,
King's College London, Strand, London WC2R 2LS, UK

http://www.collegepublications.co.uk

Cover produced by Laraine Welch
Printed by Lightning Source, Milton Keynes, UK

ÍNDICE

Presentación

La *Asociación de Filosofía e Historia de la Ciencia del Cono Sur* (AFHIC) es una asociación sin fines de lucro, fundada el 5 de mayo de 2000, en Quilmes, Argentina, durante el acto de clausura del *II Encuentro de Filosofía e Historia de la Ciencia del Cono Sur*.

La creación de esta Asociación resultó del interés en profundizar el intercambio entre los investigadores en filosofía e historia de la ciencia de los países del Cono Sur, a partir de los dos primeros encuentros celebrados en Porto Alegre (Brasil, 1998) y Quilmes (Argentina, 2000), realizándose desde entonces tales encuentros de forma bienal y bajo su responsabilidad.

El objetivo principal de AFHIC es contribuir a un mejor conocimiento de la ciencia desde una perspectiva tanto filosófica como histórica en los países de habla española y portuguesa, especialmente los del Cono Sur americano, promoviendo un espacio para la reflexión, el intercambio, la discusión, la comunicación y la difusión de dicho conocimiento.

Este volumen, que está compuesto por contribuciones evaluadas y, en algunos casos, oportunamente modificadas de miembros de la *Asociación de Filosofía e Historia de la Ciencia del Cono Sur*, forma parte de la Colección de libros de AFHIC y coadyuvará sin lugar a dudas a la consecución de ese objetivo.

Pablo Lorenzano
Director de la colección de libros de AFHIC

Introducción

Este libro –*Física: Estudios Filosóficos e Históricos*– constituye el primer volumen de la colección *Filosofía e Historia de la Ciencia en el Cono Sur*. Los trabajos aquí publicados, sobre diferentes aspectos de la historia y la filosofía de la física, presentan contribuciones relevantes para el estudio de esa área. Los diferentes trabajos están presentados en los idiomas originales de sus autores (castellano y portugués). Además del trabajo de los autores, la elaboración de esta obra contó con la ayuda de diversos investigadores que actuaron como evaluadores anónimos, contribuyendo en la selección y presentando sugerencias de mejora de los trabajos aquí publicados. Los editores agradecen la colaboración inestimable de todos esos investigadores.

Dos de los trabajos de este libro abordan cuestiones sobre la historia de la física en el inicio de la Edad Moderna. Guillermo Boido y Eduardo Kastika analizan la contribución de Vincenzo Galilei (el padre de Galileo Galilei) a la ciencia de la música, en un período en el cual la teoría de la música tenía importantes relaciones, no sólo con la matemática (su conexión más antigua con la ciencia), sino también con la astronomía y con el estudio de las emociones –entre otros aspectos–, antes de transformarse en la fría ciencia de la acústica. Fernando Tula Molina, por su parte, estudia un aspecto de la física de Galileo: su teoría de la materia. La preocupación por la existencia de los átomos, que atraviesa varias fases de la obra galileana, repercute en su comprensión sobre la cohesión de los cuerpos, la naturaleza de los sólidos y líquidos, la tensión superficial, y algunas consideraciones sobre la geometría y de los indivisibles.

Olimpia Lombardi discute, en su trabajo, el problema fundamental de la "flecha del tiempo", aclarando las importantes diferencias entre conceptos que muchas veces son confundidos al tratar sobre este tema: el de la invariancia en relación con la sustitución de t por $-t$ (una propiedad de las leyes físicas), el de la reversibilidad (una propiedad de los procesos físicos) y el de la simetría en relación con el tiempo (una propiedad de los modelos).

La contribución de Antonio Augusto Passos Videira se refiere a la naturaleza de los principios utilizados en la cosmología. La teoría moderna sobre el origen y la estructura del universo exige la utilización de ciertos principios fundamentales que abren una discusión sobre hasta qué punto la cosmología tiene el mismo *estatuto* científico que los otros estudios físicos, o si ella tiene peculiaridades y limitaciones que la tornarían un estudio metafísico.

La teoría del campo unificado, propuesta por Erwin Schrödinger, es el tema del trabajo de Víctor Rodríguez y Pedro W. Lamberti. Los autores analizan la concepción epistemológica subyacente al trabajo de Schrödinger, así como a la visión geométrica que influyó en la formulación de esa teoría de campo unificado en la década de 1940.

Osvaldo Pessoa Jr. presenta un vasto panorama sobre las decenas de diferentes interpretaciones que fueron propuestas sucesivamente para la teoría cuántica. El autor compara y clasifica las diferentes interpretaciones, utilizando especialmente los criterios ontológico y epistemológico para analizar y diferenciar los distintos enfoques.

Por último, este volumen presenta un trabajo del extrañado profesor Eduardo Héctor Flichman (Mendoza, 19/12/1932 – Buenos Aires, 13/06/2005) acerca de los fundamentos de la mecánica estadística. Flichman muestra la dificultad de comprender algunos aspectos de la mecánica estadística clásica, discutiendo particularmente la distribución probabilista de las condiciones iniciales, bajo el punto de vista ontológico. Después de aclarar algunos problemas poco discutidos, el autor propone la introducción de algunas condiciones iniciales adicionales, que no son usualmente tomadas en cuenta.

Con una amplia variedad de temas y enfoques, pero siempre con gran seriedad y profundidad, la presente obra constituye una importante contribución para el estudio de la filosofía y de la historia de la física.

Los editores

Ciencia y música en la obra de Vincenzo Galilei
(*ca.* 1520-1591)

Guillermo Boido[*] y Eduardo Kastika[**]

1. Introducción

Como señalábamos en un trabajo anterior, en el período de surgimiento de la ciencia moderna los estudiosos asignaban un papel destacado a la música como recurso para sus indagaciones acerca del universo o simplemente acerca de ciertos fenómenos naturales que era necesario explicar por requerimientos de la composición e interpretación musical: *música y conocimiento* eran fuertemente afines (Boido & Kastika, 2002, pp. 60-61). En los términos en que concebimos la "ciencia" de la época, creímos necesario caracterizar a la *ciencia de la música* como el conjunto de estudios, reflexiones y experimentaciones vinculados con la música en cuanto ésta era entendida desde una perspectiva gnoseológica. A dicha disciplina, hoy inexistente, contribuyeron modos de pensamiento y personajes muy disímiles: filósofos naturales, astrónomos, matemáticos, compositores e intérpretes musicales, constructores de instrumentos. En particular, entre los siglos XVI y XVII, desde distintas perspectivas, la música podía ser considerada como una ciencia que trataba de los "sonidos que no se oyen", como un recurso para descifrar la armonía del mundo, como un terreno de experimentación precientífica y científica, como un arte autónomo o como un arte necesariamente ligado a la retórica. La ciencia de la música, en ese período, era un universo disciplinar que abar-

---

[*] Facultad de Ciencias Exactas y Naturales, Universidad de Buenos Aires (UBA), Argentina.
[**] Facultad de Ciencias Económicas, Universidad de Buenos Aires (UBA), Argentina.

caba dichos puntos de vista (múltiples y cambiantes) sobre la música y su relación con las ciencias y el conocimiento en general.[1]

El lugar que fue ocupando la ciencia de la música durante el período de la Revolución Científica puede ser analizado a partir del reconocimiento de que en dicha época coexistían tres enfoques en tensión permanente: (a) el que comprende a las ideas de los pensadores que teorizaban sobre la música desde una perspectiva (matemática y de raíz pitagórica) que la ubicaba entre las disciplinas del *quadrivium*; (b) el que integra las ideas de quienes, a partir de la nueva música de fines del siglo XVI y comienzos del XVII ("Barroco primero", según la caracterización de Manfred Bukofzer), se enrolaron en una perspectiva retórica intentando relacionar los diferentes tipos de música con los efectos producidos por ellos en el estado anímico de los oyentes; y (c) el que incluye las consideraciones de aquéllos que, desde una concepción de la música menos dependiente de las tradiciones académicas, la utilizaron como un campo fundamental de experimentación de la nueva ciencia que se gestaba por entonces.

Como ya señalamos, durante los siglos XVI y XVII estos tres enfoques estuvieron en conflicto. Poco a poco fue decreciendo el énfasis en la música entendida como la disciplina de los "números sonoros" o como reflejo de la armonía de las esferas en favor de la música concebida como un elemento generador de emociones a partir de su poder retórico. La música se convirtió paulatinamente en un *arte*, a ser juzgado por criterios estéticos, a la vez que la ciencia de la música desaparecía y nacía una nueva disciplina —la acústica— que se desarrolló como una de las ramas de la ciencia física moderna.

En la figura de Vincenzo Galilei (*ca.* 1520-1591), padre de Galileo, confluyen aspectos de todas estas transformaciones. El análisis de su obra, desde la perspectiva de la historia de la ciencia de la música, es el objeto del presente trabajo, en el que trataremos acerca del papel de Galilei en tres episodios en los que tuvo protagonismo: la conformación de la música co-

---

[1] A fin de evitar malentendidos, debemos señalar que nuestra "ciencia de la música" es una categoría historiográfica de análisis elaborada a partir de la consideración de ideas, estudios y prácticas de diversa índole *que tenían vigencia en el período histórico considerado*. Para nuestros propósitos sería anacrónico emplear tal expresión con relación a las actuales investigaciones científicas que se realizan, por ejemplo, a fin de analizar los efectos psicológicos de diversas clases de música sobre niños o enfermos y emplear dicho conocimiento con fines educativos o terapéuticos. Podrá hablarse, a propósito de estos estudios contemporáneos, de "ciencia de la música", pero su significado será rotundamente diferente de aquél en que lo empleamos en este trabajo, pues los primeros remiten a la ciencia y a la música *tal como las entendemos en la actualidad*. La necesidad de poner el énfasis en esta distinción nos fue sugerida por el Dr. Eduardo Rabossi.

mo arte y la progresiva desaparición de la ciencia de la música, el surgimiento del Barroco y el nacimiento de la *nueva ciencia*.

2. Los avatares de la ciencia de la música entre la Edad Media y el Renacimiento

En el siglo VI, el filósofo romano Boecio (*ca.* 480-524) codificó en su tratado *De institutione musica* toda la teoría musical de su época. Boecio fue la guía y autoridad durante todo el Medioevo en lo que se refiere a los escritos clásicos sobre música. Su concepto de *música mundana* es el de la pitagórica música de las esferas: se trataba de la *armonía* en sentido amplio y era la única música que existía verdaderamente. Los otros tipos de música existían solamente como "reflejo" de la música mundana o en la medida en que participaban de (o recordaban) la armonía del cosmos. Los sonidos de la música mundana de Boecio *no se oyen*. La *música humana* se refería a la armonía psicofísica que reinaba en el interior del hombre. Y la *música de los instrumentos*, la música audible –la que ocupaba el puesto más bajo dentro de las categorías de Boecio– era la que más se acercaba a lo que hoy entendemos simplemente por música.

No cabe duda de que la concepción medieval calificaba a la música como una ciencia. Se trataba de una ciencia cuyas leyes eran el espejo de las del universo, ya que la armonía musical era el reflejo de la armonía celeste. Los sistemas de escalas, las teorías armónicas y las teorías rítmicas estaban justificados por motivaciones filosófico-cosmológicas y, a su vez, las órbitas de los planetas, sus posiciones y movimientos, se explicaban por escalas, modos musicales y proporciones armónicas. Por otra parte, la música vinculaba al pitagorismo con la mística cristiana.

Este pensamiento musical de tipo pitagórico-platónico hace que hasta la Edad Media e incluso durante el Renacimiento se pueda hablar de una evolución "no real" de la música separada de otra evolución "real". La evolución "real" (de los sonidos audibles) se produjo desde los comienzos del canto gregoriano hasta los primeros experimentos polifónicos. Y la "no real" expone las ideas de los teóricos de la música mundana, que avanzaban en sus especulaciones sobre proporciones, números sonoros, teorías de la consonancia a partir de fracciones o *ratios*, etc. Estos teóricos muy raramente se preocupaban por planteamientos estéticos a partir del mundo sonoro propiamente dicho, el de la música de los instrumentos.

Con la excepción de Reginón de Prüm, quien en el siglo X afirmaba que las cuerdas de un instrumento son parangonables a las que producen la música celestial y asociaba cada sonido real de la escala con cada uno de los planetas, casi no existía relación entre la música mundana y la humana o la de los instrumentos. La fisura vigente entre el plano teórico y el práctico se confirma continuamente durante el Medioevo (Fubini, 1999, pp. 103-104). Sin embargo, Guido d'Arezzo (980-1050), ya considera que las ideas de Boecio son "útiles solamente a los filósofos". A partir de esta época el discurso de los teóricos se dirigirá progresivamente cada vez más a los *cantores* (músicos que ejecutan) y cada vez menos a los *musici* (filósofos).

El desarrollo de la polifonía y el contrapunto a partir del año 1000 representará un acontecimiento de fundamental importancia, por constituirse en un fuerte estímulo para los nuevos teóricos. Es el músico quien deberá afrontar el problema de la consonancia de un mayor número de sonidos, dentro del enredo contrapuntístico que supone la gran cantidad de melodías de la polifonía. Se deberán afrontar nuevos desafíos vinculados con la grafía musical y los problemas de ritmo. Son necesidades técnicas que llamarán la atención sobre la fisura que existía entre el plano teórico y el práctico. La música, como hemos señalado, comienza a entenderse como algo "real", vinculado con el mundo de los sentidos.

Gradualmente, entonces, la música fue definiéndose cada vez más como la ciencia de los sonidos producidos tanto por la voz humana como por los instrumentos de los músicos. Los problemas que suscita la nueva práctica polifónica conllevan progresivamente a la decadencia de la concepción teológico-cosmológica de la música. Durante el siglo XIV, comienzan a hacer sus primeras apariciones las conceptualizaciones acerca de la *belleza* de la música. A comienzos de dicho siglo, según nos informa M. Gerbert en su libro *Scriptores Ecclesiastii de Musica Sacra Potissimum* (1784), Marchetto de Padua afirma:

> *La música es la más bella de todas las artes* [...]; de su nobleza participa todo cuanto tiene vida y cuanto no la tiene. [...] Ciertamente, no hay nada en mayor consonancia con el hombre que dejarse relajar por los modos dulces y que entrar en tensión por los modos contrarios a ésos. Asimismo, tampoco hay edad humana en lo que no se experimente deleite ante una dulce melodía. (Marchetto de Padua, citado por Fubini, 1999, pp. 112-113; el subrayado es nuestro)

Durante el siglo XIV surgió el *Ars nova* como un nuevo estilo musical. Éste representó una liberación general de las viejas influencias del *organum* (que consiste en doblar el canto llano en octava, a la cuarta o a la quinta) y del *conductus* (el añadir partes vocales originales o seculares, es decir, melodías populares, profanas o picarescas, a una melodía ya existente), lo cual implicó una mayor variedad en el ritmo, curvas melódicas más armoniosas y partes vocales de movimiento más independiente. Probablemente la obra de los trovadores y de los troveros (poetas-compositores que utilizaban la lengua provenzal y francesa, respectivamente) había preparado el camino para esta concepción más artística de la música, que quedaría consolidada con el madrigal italiano (Scholes, 1981, p. 131).

Una de las primeras controversias estéticas entre los nuevos teóricos de la música y los filósofos es aquélla que se establece entre los partidarios del *Ars nova* y los del *Ars antiqua*. Por ejemplo, el Papa Juan XXII se pronunció abiertamente a favor del segundo ponderando su sencillez y claridad. Pero ello no es sólo la respuesta "reaccionaria" ante la renovación. Es, más profundamente, una crítica a la música como un fin en sí misma, autosuficiente y autónoma por cuanto se refiere a su valor puramente auditivo. La música había sido, hasta el momento, un instrumento al servicio de la edificación religiosa. Pero ahora, como escribe Fubini, "las *razones* de la música devienen, poco a poco, más prepotentes, y tienden a afirmarse prescindiendo, de forma cada vez más abierta, de motivaciones y justificaciones de tipo teológico, cosmológico y moralista" (Fubini, 1999, p. 116).

El edificio cosmológico-matemático-religioso que conformaba la ciencia musical a comienzos del Renacimiento no comenzó a derrumbarse solamente por el nacimiento de la polifonía y el *Ars nova*. Desde la filosofía aristotélica, Johannes Tinctoris (*ca.* 1435-1511) expresaba sus opiniones acerca de la música. La única música que interesa a este autor es la de los instrumentos, la música que puede ser percibida y es analizable, por tal motivo, a través de los efectos que produce. E. Coussemaker, en su libro *Scriptorum de Musica Medii Aevii* (1868), nos remite a estas palabras de Tinctoris:

> No puedo continuar guardando silencio en relación con las opiniones de numerosos filósofos, entre los que se hallan Pitágoras y Platón y cuantos vinieron después, el caso de Cicerón, Macrobio, Boecio y nuestro Isidoro, según los cuales las esferas celestes giran conforme a modulaciones armónicas, o lo que es lo mismo, conforme al ajuste [que se da] entre sonidos diferentes. Mas cuando, como relata Boecio, algunos afirman que Saturno se mueve produciendo un sonido más grave […] mientras que la Luna produce un sonido más agudo, en tanto que otros, inversamente, afirman que el sonido más grave es el propio de la Luna, mientras que el más agudo es el de las estrellas fijas, yo no me muestro partidario de ninguna de estas opiniones. Antes bien, creo firmemente en Aristóteles y en sus comentaristas, así como en nuestros filósofos más recientes, los cuales han demostrado con toda evidencia que en el cielo no hay sonido, ni en potencia ni en acto. Debido a esto, nadie me persuadirá jamás de que las armonías musicales, que no pueden producirse sin [que existan] sonidos, puedan ser fruto del movimiento de los cuerpos celestes. Las armonías

de los sonidos y de las melodías, de cuya dulzura –como dice Lactancio– deriva el placer del oído, las producen, no los cuerpos celestes, sino, más bien, los instrumentos terrenales con la ayuda de la naturaleza. (Tinctoris, citado por Fubini, 1999, pp. 123-124)

Estas controversias adquieren una nueva significación con el pensamiento y la obra de Gioseffo Zarlino (1517-1590), maestro de Vincenzo Galilei.

3. Los puntos de vista de Zarlino

Aunque estudió teología y recibió las órdenes menores, Zarlino se destacó como erudito en filosofía, lenguas y música. Nacido en Chioggia, se instaló en Venecia en 1541, donde llegó a ser, a partir de 1565 y hasta su muerte, maestro de capilla de la basílica de San Marcos. Gran parte de su obra musical y sobre teoría de la música se ha perdido. Su libro *Institutioni harmoniche* (Venecia, 1558) ejerció gran influencia sobre sus contemporáneos y fue traducido al francés, alemán y holandés.

La "matematización" de la música, para Zarlino, respondía a la "matematización" de la naturaleza. Aunque la música seguía sosteniéndose en un conjunto de relaciones numéricas –Zarlino era esencialmente pitagórico– la armonía de los sonidos que no se oyen comenzó con él a estar *estrechamente vinculada* con la armonía de los sonidos que sí se oyen. Si el racionalismo medieval era abstracto, por conducir a la creación de construcciones teóricas en relación con la música, carentes de nexo con la experiencia y fundadas en principios ajenos por completo a ella, Zarlino intentó justificar racionalmente el uso real que se hacía de los intervalos musicales.

Zarlino redefinió el problema de las consonancias abordado por Pitágoras por medio del *scenario*: un sistema de razones numéricas basado en los primeros seis números naturales, a los que el músico veneciano atribuía tradicionalmente el carácter de "números sonoros". En este rango radicaba, a su juicio, el poder de generar todas las consonancias musicales. ¿Por qué *seis*? Básicamente por razones de especulación numerológica. El seis constituye un número *perfecto*, pues se lo puede obtener sumando todos sus divisores (1, 2, 3), es decir, $1+2+3 = 1\times2\times3$. Lo mismo sucede con 28, que es igual a la suma de sus divisores (1, 2, 4, 7, 14). En los *Elementos*, Euclides trata sobre la perfección de estos números, y en particular del seis, no sólo por ser el menor de ellos sino también porque sus divisores son consecutivos. Además, Zarlino aduce que Dios tardó *seis* días en completar la Creación, y que hay *seis* planetas: Luna, Mercurio, Venus, Marte, Júpiter y Saturno (Cohen, 1984, pp. 5-6).[2] A ello agrega otros argumentos de índole similar.

Pero en las proporciones de las consonancias de Zarlino aparece el número *ocho* (en la sexta menor, 5:8), que no es parte del *scenario*. En este caso, Zarlino apela a una distinción aristotélica: mientras que las otras consonancias están realmente contenidas dentro del *scenario*, la sexta menor sólo está contenida *potencialmente*. (Como diríamos hoy, introduce una conveniente hipótesis *ad hoc*.) Zarlino podría haber extendido el rango de su análisis a los primeros ocho números naturales, pero de esta manera hubiera tenido que incorporar al número *siete*, lo cual le hubiese generado problemas para su concepción de las consonancias. En materia de belleza y perfección, el número siete nunca había sido muy afortunado.

Pero Zarlino no explica aún cómo es que estos números afectan a la facultad humana de percibir sonidos y experimentar placer cuando los sonidos vinculados con ellos son consonantes. En realidad, el abismo entre la experiencia sensible y los números abstractos todavía no estaba zanjado. El músico veneciano no se aleja demasiado del misticismo numérico y recurre, cuando lo necesita, a explicaciones aristotélicas alejadas de toda experimentación independiente y de toda formulación matemática basada en la cuantificación de los fenómenos naturales.

Hasta el *Cinquecento* una teoría musical se consideraba *verdadera* si respetaba la tradición que habían transmitido los teóricos más acreditados de la Antigüedad y del Medioevo, principalmente Aristóteles y Boecio. En su mencionado tratado *Institutioni harmoniche* Zarlino introdujo un nuevo criterio de verdad: el que aporta el orden de la naturaleza, un orden de carácter matemático y tan sencillo y racional como la naturaleza propiamente dicha. No renunció al boeciano concepto de música mundana, pero lo interpretó de un modo particular: "la mundana", escribió, "es aquella armonía que no sólo se sabe que existe entre los objetos que se ven en el cielo, sino que incluso se contiene en las relaciones de los Elementos (entre sí) y en la variedad de los tiempos" (citado por Fubini, 1999, p. 129).

En la búsqueda de un criterio de verdad basado en el orden matemático de la naturaleza, el fenómeno de los *armónicos* jugó un papel fundamental. Los armónicos se encontraban en la naturaleza y, por lo tanto, su secuencia generaba acordes consonantes. Éste será el punto de partida para los teóricos de la armonía desde Zarlino hasta Rameau. A partir de los armónicos se comenzó a gestar un esquema armónico-tonal que de a poco se fue exten-

---

[2] Zarlino olvida prudentemente incluir el Sol, que para el geocentrismo es también un planeta. Kepler menciona seis planetas, pero desde la perspectiva heliocéntrica: elimina la Luna (por ser un satélite) y agrega la Tierra.

diendo desde las canciones populares y la música profana hasta el repertorio musical en general. Este nuevo modo de construcción musical (que se estableció plenamente en el Barroco tardío) desencadenó formas musicales más sencillas y con una lógica diferente a la de la música renacentista. A su vez, la teorización musical comenzó a entrelazarse con la actividad de ejecutar y la de componer. Por primera vez los teóricos de la música se concentraron en búsquedas similares a las de los pintores, literatos y demás hombres de las artes, y especialmente en la búsqueda de la esencia clásica en la Grecia antigua, sinónimo de sencillez, claridad y racionalidad.

4. Galilei: un discípulo disidente

Vincenzo Galilei (*ca.* 1520-1591) es uno de los principales exponentes de dicha búsqueda, que hurga en la Antigüedad clásica en busca de la "verdadera" música. Se lo recuerda por sus aportes a la teoría musical y como autor de algunas obras musicales que, aunque raramente, aún hoy se interpretan. Nacido en proximidades de Florencia, gozó de la protección del conde Giovanni Bardi di Vernio y pudo estudiar en Venecia con Zarlino. En el siglo XIV la familia Galilei pertenecía a la nobleza florentina, pero dos siglos más tarde las penurias financieras habían empalidecido un tanto el brillo familiar y Vincenzo debió compartir su vocación musical con la práctica del comercio en telas. A juzgar por las crónicas que han llegado hasta nosotros, Galilei era un destacado maestro de música y un notable intérprete del laúd.

En su *Dialogo della musica antica e della moderna* (1581) Galilei estableció, junto con otros integrantes de la Camerata Fiorentina, patrocinada por Bardi, los principios fundamentales de un nuevo estilo musical, la "monodia acompañada", a partir de lo que se creía que era la "verdadera" música griega. Es necesario tener en cuenta que, a diferencia de las esculturas, monumentos arquitectónicos o poemas, no se sabía con exactitud cómo era realmente aquella música, si bien se podían buscar rastros de ella en los textos de los eruditos, filósofos, poetas y ensayistas de la Antigüedad. En desacuerdo con otras tendencias musicales de la época, las fuentes de la Camerata Fiorentina no eran los tratados sobre armonía y música entendidas como ciencia o filosofía, sino los que ubicaban a la música como una forma de expresión relacionada con la retórica, la poesía y el teatro. En estas últimas disciplinas la Camerata Fiorentina intentaba hallar las raíces de aquella auténtica y antigua música griega, la cual, según se creía, estaba estructurada en una sola voz o al unísono y que reconocía un *ethos* musical específico a cada *modo musical*: la música, según Galilei y demás teóricos de la Camerata, debía *mover los afectos*.

Este ideal expresivo (el de mover los afectos) es el denominador común de la música barroca, de la cual Galilei es uno de los precursores. La música polifónica de entonces era, para él, absurda, ya que además de generar confusión lingüística y musical mezclaba las diferentes clases de efectos que producía sobre el ánimo del oyente. El *Dialogo* está destinado esencialmente a servir de antídoto contra la abigarrada polifonía vocal (particularmente la de los músicos venecianos) y el exceso de abstracción teórica que impedía a los músicos toda innovación. En cambio, la nueva armonía tonal, según Galilei más entendible, simple y racional, resolvía de modo más eficaz *la relación existente entre música y palabra.* Esta relación había sido comprometida gravemente por las complicadas estructuras de la música polifónica. Para Galilei, cada palabra o grupo de palabras expresaba un concepto o un sentimiento que se correspondía con determinados intervalos melódicos. Era inadmisible, entonces, que los derechos de la música prevalecieran sobre los de la palabra. La polémica con Zarlino fue desde luego inevitable, y sólo acabó con la muerte de ambos, acontecida casi al mismo tiempo.

Con este tipo nuevo de música *los que reflexionaban sobre la música y los que la componían e interpretaban se yuxtaponían.* Vincenzo Galilei fue literato y teórico de la música, pero además, como ya señalamos, un notable intérprete del laúd. El mundo del saber y del hacer entraban en contacto por primera vez, lo cual trajo nuevas polémicas, nuevos conceptos, nuevas categorías, pero, al mismo tiempo, hizo que los viejos problemas (la complejidad de las tramas polifónicas, la difícil distinción de la letra para quienes oían las composiciones, las reglas fijas para ubicar las disonancias) comenzaran a dejar de tener sentido. Entre la música que expresa o imita los sentimientos, las emociones o los fenómenos de la naturaleza, que suena en los oídos de los comunes mortales y cuya ejecución corre a cargo de esa categoría profesional constituida por los músicos, hasta entonces despreciada, y la música pensada, teorizada e investigada por la razón del filósofo, no había relación alguna. Las ideas de Galilei y la Camerata Fiorentina desmatematizan y liberan a la música de las complicaciones teóricas de la polifonía, pero a la vez la someten al mundo de las palabras. Quienes adherían a las posturas de la Camerata sostenían que los complicados contrapuntos de la polifonía no eran apropiados para expresar y trasmitir el mensaje emocional de los versos. Los madrigales, los intermedios (interludios de carácter pastoril, alegórico o mitológico que se intercalaban entre los actos del teatro del Renacimiento) y las comedias madrigales —todas composiciones musicales con predominancia de los textos, de fines del siglo XVI— serán los predecesores de la ópera. Dos miembros de la Camerata, Giulio Caccini y Jacopo Peri, utilizaron la monodia para acompañar los monólogos y diálogos de un drama escenificado, y en 1598 Peri, en colaboración con Caccini, estrenó su primera ópera, *Dafne.*

Con Galilei y las posturas de la Camerata, estamos ya en los albores de la conformación de la música como *arte*, ajena ya a las especulaciones filosóficas del pasado y sometida a evaluación por medio de criterios puramente estéticos: nacía el Barroco.

5. Galilei en los umbrales de la acústica

Desde el punto de vista de la naciente ciencia moderna, Galilei parece haber sido, según Stillman Drake, el primero en descubrir una ley física que implica movimiento por medio de medidas obtenidas a partir de experimentos (Drake, 1992, p. 10). En su larga controversia con Zarlino, Galilei incorporó el concepto de "tensión" en las cuerdas, que, más allá de las longitudes de éstas, interviene en las consonancias musicales. Para llegar a estas conclusiones, el padre de Galileo apeló a la experimentación desde una perspectiva cercana a la que le dio la *nueva ciencia* al hecho de experimentar: utilizó el monocordio para sus estudios sobre la producción del sonido y encontró, a partir de ciertas hipótesis preliminares y tentativas, que la altura del sonido producido por una cuerda no sólo variaba inversamente con su longitud sino que lo hacía también con el cuadrado del peso de un cuerpo unido a la cuerda (con lo que podía obtenerse la octava cuadriplicando el peso). Por medio de la experimentación, mostró también que cuerdas iguales producen la quinta si sus tensiones se hallan en relación 4:9. Publicó este resultado, al que se refiere Drake, en 1589, en réplica a Zarlino. Asimismo afirmó, presumiblemente sin haber hecho el experimento, pues el resultado es erróneo, que la nota emitida por un tubo de órgano depende del volumen de éste y que el cociente 1:8 produce la octava. Sobre la base de estos resultados experimentales, construyó un esquema matemático destinado a probar que el de Zarlino era incorrecto. Estableció como base del mismo el conjunto de los números naturales comprendidos entre *1* y *8* como alternativa al conjunto de los comprendidos entre *1* y *6* de Zarlino, rango del *scenario*.

Los desarrollos musicales que comienzan a producirse a partir de la segunda mitad del siglo XVI, con el surgimiento del primer Barroco, van haciendo cada vez más necesaria la utilización de una escala temperada. En 1578 Galilei envió a Zarlino una defensa de la forma en que los músicos prácticos modificaban el temperamento recomendado por el propio Zarlino. (Éste contraatacó en 1588 con su libro final sobre teoría musical: *Sopplementi armoniche*.) Desde el punto de vista de la independencia de la música como arte, como ya señalamos, Galilei fue uno de los pioneros en la "desmatematización (pitagórica)" de la música. No aceptó que los intervalos fueran "naturales" o que fueran consonantes porque son capaces de ser representados por medio de proporciones simples. Todos los sonidos, para él, eran naturales, pero daban placer al oído de un modo diferente, y la forma de determinarlo era por medio del oído y no por la adopción de este o aquel sistema numérico. La matemática en sí misma no tenía poder sobre los sentidos, los cuales, en última instancia, se erigían en el criterio definitorio para la excelencia acerca de colores, gustos, aromas y sonidos. Para el sistema de temperamento, Galilei apoyaba un temperamento aproximadamente igual al determinado por un oído entrenado. En la respuesta final de Galilei a Zarlino encontramos la refutación experimental específica a la suposición de que los números sonoros son la causa de la consonancia. Galilei confirmó que los *ratios* 2:1, 3:2 y 4:3 daban octavas, quintas y cuartas para cuerdas construidas con un mismo material, con la longitud correspondiente, *a condición* de que tuvieran igual grosor e igual tensión. Pero si los grosores eran iguales y la tensión variaba, o bien se modificaba el material con el que habían sido construidas las cuerdas, los *ratios* correspondientes a esos intervalos variaban también.[3] Con Galilei, la relación entre música y matemática deja de tener un carácter apriorístico y místico, y adquirirá el rasgo característico de la *nueva ciencia*: la matemática, entendida al modo instrumental, permitirá formular y contrastar hipótesis cuantitativas acerca de los fenómenos sonoros.

6. ¿Realizó Galilei experimentos reales?

A propósito de los experimentos que Galilei afirma haber realizado, se ha suscitado una controversia similar a la afectara a su célebre hijo: ¿fueron realmente llevados a cabo o los pretendidos resultados experimentales derivan de consideraciones intuitivas o aprioristicas? Como en el caso de Galileo, Galilei emplea las palabras *sperienza* y *esperienza* (sinónimos, según la Accademia della Crusca, fundada en 1583) en dos sentidos distintos. Cuando afirma, por ejemplo, que la quinta (3:2) es un intervalo más perfecto y más dulce que cualquier otro porque "lo he comprobado por medio del oído después de muchas experiencias [*sperienze*]" no se refiere, claro está, a experimento alguno, sino a una satisfacción estética producida por la expe-

---

[3] Pecando de anacronismo, recordemos que las frecuencias posibles de vibración de una cuerda fija por ambos extremos son $vn = \left[n/2l \right] \sqrt{T/\mu}$, donde T es la tensión a la que se halla sometida y μ su masa por unidad de longitud. Para $n = 1$ se obtiene la frecuencia fundamental; para $n = 2, 3, 4,\ldots$, las de los sobretonos. Se advierte en la expresión de la ley anterior que para duplicar la frecuencia de vibración de una determinada cuerda (y obtener la octava) es necesario cuadruplicar la tensión. El parámetro μ expresa la incidencia del grosor y el material en la altura de la nota emitida y por tanto en los intervalos musicales que se obtienen, algo que Galilei, cualitativamente, puso en evidencia.

riencia sensorial de escuchar determinados sonidos. Pero otras veces, *esperienza* se refiere claramente a *experimento*. En un ejemplo citado por Claude Palisca, al tratar de quitar verosimilitud a la afirmación atribuida a Pitágoras de que pesos suspendidos de cuerdas en razón 2:1 producen necesariamente la octava, Galilei dice en su *Discorso intorno all'opere di messer Gioseffo Zarlino da Chioggia* (1589), que pudo refutar esa afirmación por medio de experimentos:

> A propósito de las teorías de Pitágoras, deseo señalar dos opiniones falsas acerca de las cuales las gentes han sido persuadidas por la lectura de diversos escritos y que yo mismo compartí hasta que determiné la verdad por medio del experimento [*esperienza*], maestro de todas las cosas. (Galilei, citado por Palisca, 1992, pp. 103-104)

Palisca y otros historiadores de la música han reconstruido con resultados satisfactorios un experimento que ya hemos mencionado, en el cual Galilei lastró una cuerda con cuerpos de distinto peso, para variar la tensión en ella, y descubrió que para obtener una octava los pesos debían estar en relación 4:1 y no 2:1. Difícilmente pudo haber llegado a ello el padre de Galileo de otro modo que no fuese por medio de experimentos. Por otra parte, en muchos casos, la descripción del dispositivo experimental es minuciosa, y no se justificaría tal detalle de no haber realizado Galilei experimentos reales. Generalmente Vincenzo emplea el laúd como un instrumento de laboratorio, colocando en él cuerdas construidas con distintos materiales y con distintas configuraciones. Realiza una serie de ensayos con estas cuerdas y, por medio del oído, establece de qué modo distintos factores, que modifica por separado, afectan la altura del sonido y los intervalos musicales. Algunos de estos experimentos, cuyos resultados confirman en líneas generales las afirmaciones de Galilei, han sido reconstruidos recientemente por Palisca con un laúd construido en el siglo XVII que se encuentra en un museo de la Universidad de Yale (Palisca, 1992, pp. 143-151).

7. Vincenzo Galilei y Galileo

En 1585 Galileo abandonó la Universidad de Pisa sin haberse graduado en medicina, como era el deseo de su padre, y residió en Florencia hasta 1589, año en que regresó a Pisa como profesor de matemática. Estos cuatro años fueron probablemente los de mayor interacción entre ambos, ya que la muerte de Galilei acontecería poco después de la partida de su hijo. Según Drake, Galileo asistió a los experimentos de Vincenzo e incorporó luego las ideas de su padre no sólo en cuanto a sus consideraciones sobre el sonido sino también al equilibrio que debe primar entre teoría y experiencia. Pero no menos influencia parece haber tenido Galilei sobre su hijo en cuanto a su desdén por lo establecido con carácter dogmático. Con ecos que habrán de resonar clamorosamente en el *Saggiatore* (1623) de Galileo, Vincenzo escribió en la segunda página de su *Dialogo*:

> A mi juicio, aquellos que sólo aducen el argumento de autoridad como prueba de una afirmación cualquiera, sin basarse en ningún razonamiento que la apoye, actúan de manera absurda. Yo, por el contrario, quiero poder preguntaros y responderos libremente, sin ningún tipo de adulación, tal como deben hacer quienes buscan la verdad. (Galilei, citado por Pardo de Santayana, 1977, p. 16.)

A su muerte en 1591, los manuscritos de Vincenzo pasaron a manos de su hijo Galileo, y hay acuerdo general en que éste empleó algunos resultados experimentales de su padre en la Primera Jornada de sus *Discorsi e dimostrazioni matematiche intorno a due nuove scienze* (1638). Galileo describe experimentos con cuerdas lastradas, además de otros experimentos acústicos supuestamente llevados a cabo por él mismo. En el caso de los resultados obtenidos por su padre, Galileo los utilizó para poner en duda la explicación numerológica estándar de las consonancias y recurrió a los suyos propios para construir una teoría musical nueva, ya no dominada por las consonancias y su gradación (Galileo [1638], *Opere*, VIII, pp. 138-150).

Es significativo para nuestro análisis el que Galileo, como su padre, se haya separado de la arraigada práctica de atribuir las propiedades de los intervalos musicales a las propiedades de los llamados *numeri numerantes* (que se emplean para contar), utilizados hasta entonces para expresar las proporciones correspondientes de las longitudes de cuerda. Los números a los que apela Galileo son *numeri numerati* (que resultan de mediciones), en este caso los números de las vibraciones que realizan las cuerdas en ciertas circunstancias, obtenidos por medio de la experimentación. En el mencionado libro, Galileo dirá que los *ratios* asociados con los intervalos musicales no están determinados inmediatamente por la longitud o la tensión de las cuerdas sino por su frecuencia de vibración, esto es, por el número de pulsos de aire (por unidad de tiempo) emitidos por la fuente sonora, que se transmiten, golpean el tímpano y hacen que éste vibre. La sensación no placentera llega, según la suposición de Galileo, de vibraciones discordantes de dos notas que golpean el oído fuera de proporción. Mientras más coincidan los pulsos que producen la vibración de cada una de las notas, más consonante serán éstas. En el caso de la octava, por ejemplo, todos los pulsos son totalmente coincidentes. En el caso de una quinta, en cambio, la nota más alta vibra con tres pulsaciones, pero la más baja con sólo dos pulsaciones. Dos de ellas coinciden, pero una no lo hace.

La influencia de Galilei sobre su hijo no parece acabar aquí. En su manuscrito *Discorso intorno all'uso delle dissonanze*, que se halla en la Biblioteca Nacional de Florencia, Vincenzo discrimina entre el conocimiento que aportan los sentidos y el que se obtiene por medio del intelecto y los experimentos:

> Por medio de los sentidos aprehendemos atinadamente las diferencias de formas, colores, sabores, olores y sonidos. Ellos distinguen además lo pesado de lo liviano, lo áspero y duro de lo suave y blando, y otros accidentes superficiales. Pero las cualidades y las virtudes intrínsecas de las cosas, a las que se deben que ellas sean calientes o frías, húmedas o secas, sólo pueden ser juzgadas por medio del intelecto, a través de la persuación que otorga el experimento [*persuaso dell'esperienza*], y no simplemente por los sentidos, inmersos en la diversidad de las formas, colores u otros accidentes. (Galilei, citado por Palisca, 1992, p. 145)

La significación de este párrafo es notable, ya que en él Galilei anticipa la diferencia entre cualidades primarias y secundarias. Dado los profundos intereses musicales de Galileo, no hay razón alguna para suponer que no conociese en detalle la obra de su padre. Y así expondrá el mismo punto en un célebre fragmento del *Saggiatore*:

> Tan pronto como concibo una materia o sustancia corpórea, siento inmediatamente la necesidad de concebir al mismo tiempo que tiene límites y una u otra forma, que es, en relación con otras, grande o pequeña; que esté en este o aquel lugar, en este o aquel tiempo, que se mueve o está quieta, que toca o no toca o otro cuerpo, que es una, pocas o muchas. No puedo separarla de estas condiciones por ningún esfuerzo de la imaginación. Pero mi mente no siente la compulsión de aprehenderla como necesariamente acompañada de otras condiciones, como que sea blanca o roja, amarga o dulce, muda o sonora, de olor agradable o desagradable. Sin los sentidos para guiarnos, la razón o la imaginación por sí mismas quizás jamás llegarían a esas cualidades. Por esta razón, pienso que los sabores, olores, colores y demás son sólo puros nombres en lo que concierne al sujeto en el que nos parece que residen; y que sólo tienen residencia en el cuerpo que los percibe. De este modo, si se suprimiera la criatura viviente, todas esas cualidades desaparecerían y serían aniquiladas. (Galileo [1623], *Opere*, VI, pp. 347-348.)

Tal distinción entre cualidades "primarias" y "secundarias", como las llamará John Locke, significará una ruptura radical con el viejo aristotelismo y será uno de los pilares de la concepción mecanicista que orientará las investigaciones desde mediados del siglo XVII. La historia subsiguiente de la física avanzará por tal camino hasta límites que el autor del *Saggiatore* nunca hubiera podido imaginar. Como nos dice William Shea, la depreciación de lo sensible propuesta por Galileo abrió un abanico de infinitos interrogantes acerca de la relación entre experiencia interior y mundo externo, entre realidad privada y verdad pública, y el hecho de que constituyan aún materia prima para la discusión filosófica y científica es un tributo a su osadía. ¿Intuyó alguna vez Vincenzo Galilei que su breve e incidental observación habría de tener, a través de su hijo, una trascendencia de tanta magnitud? Difícilmente.

8. Notas sobre el desarrollo de la acústica después de Galilei

Con Isaac Beeckman, en 1616, aparece la primera teoría mecanicista corpuscular del sonido. Cualquier objeto que vibra, como una cuerda, nos dice el filósofo holandés, corta el aire circundante en pequeños corpúsculos esféricos de aire que son enviados en todas las direcciones por el movimiento vibratorio del objeto en cuestión. Años más tarde, Christiaan Huygens (hijo de un músico, como Galileo) se ocupará de diversos aspectos teóricos de la música: abordará en particular el problema de la consonancia y propondrá un modelo ondulatorio cualitativo de la propagación sonora, a la vez que estudiará la relación entre la longitud de onda de la onda sonora, su frecuencia y su velocidad de propagación. Si bien Marin Mersenne había sido el primero en formular las leyes empíricas que vinculan la frecuencia de vibraciones de una cuerda con la altura del sonido emitido por ésta, será el físico francés Joseph Sauveur (1653-1716) quien calculará el número de vibraciones correspondientes a distintos sonidos. Al él se deben los términos *acústica* y *armónico*. Establecerá de modo definitivo la presencia simultánea de sonidos de diferentes frecuencias, múltiplos de la fundamental, cuando se hace vibrar una cuerda: los armónicos.

Habrá de ser Sauveur el primero en afirmar, en 1702, que la "calidad" de un sonido (el timbre) depende de la mezcla de distintos armónicos. En la época de Sauveur el problema de los armónicos requería explicar la existencia simultánea de más de un modo de vibración en una misma fuente sonora vibrante. Este problema, que había resultado para Mersenne una paradoja sin solución, es abordado por Sauveur por medio de la observación de que si se pulsa una cuerda del clavicémbalo es posible oír no sólo el sonido determinado por la longitud, el grosor y la tensión de la cuerda (fundamental), sino también sonidos más agudos productos de algunas de sus partes que se separan, de alguna manera, de las vibraciones generales para producir vibraciones particulares. A partir de la obra de Sauveur, las ondas sonoras, a lo largo del siglo XVIII, serán sometidas al tratamiento fisicomatemático en los trabajos de Taylor, d'Alembert, Daniel Bernoulli, Euler, Fourier y tantos otros (Bensa & Zanarini, 1999, pp. 81-110). Pero por entonces la música, entendida al fin como *arte* y entregada a consideraciones puramente *estéticas* vinculadas con los *estilos musicales*, había emprendido otro camino.

9. Conclusiones: Galilei y un equipo de segunda línea

La historia de la ciencia y la historia de la música, consideradas por separado, han destinado un papel bien poco relevante al pensamiento y la obra de Vincenzo Galilei. Pero ellos se resignifican cuando los abordamos como pertenecientes a una etapa de la ciencia de la música, tal como la hemos caracterizado, y la contemplamos *a la vez* en aspectos que atañen al surgimiento de la música como expresión artística, a la aparición del estilo barroco y al nacimiento de la nueva ciencia que se origina con la Revolución Científica. Por otra parte, como ya señalara Stillman Drake hace más de tres décadas, la influencia de Galilei sobre su hijo, en ámbitos muy diversos, parece haber sido mucho más significativa de la que los historiadores de Galileo han estado dispuestos a reconocer (Drake, 1970, p. 43).

En la historia de la ciencia de la música del período en el que vivió Vincenzo Galilei no hallamos un recorrido lineal en donde algo fue "fortaleciéndose" en la medida en que se desarrollaba y especializaba. Por el contrario, la disciplina siguió un camino intrincado en donde, simultáneamente, sucedieron todo tipo de acontecimientos: nacimientos, desapariciones, transformaciones. Los protagonistas de este recorrido no fueron necesariamente los "héroes" de la Revolución Científica o de la historia de la música. No lo fueron los grandes especialistas en ciencia, filosofía o composición musical, sino burgueses profesionales de las letras, eclesiásticos, profesores de universidades, médicos, funcionarios, músicos de índole varia, filósofos y científicos "menores" quienes tuvieron una participación trascendente en el pensamiento científico-musical de la época. Sus nombres pueden ser, por caso, los de Zarlino, Galilei, Benedetti, Stevin, Beeckman, Mersenne, Kircher.

Sin embargo, estos personajes de un "equipo de segunda línea" fueron los que se hicieron, a propósito de la música, las *grandes preguntas*. Fueron los protagonistas de las transformaciones que surgieron de la relación entre la Revolución Científica, la ciencia de la música y el arte musical. Tales transformaciones incluyen, por caso, el derrumbe de la perspectiva pitagórica de la música, el repudio de las teorías basadas en el legado de la magia natural y los postulados herméticos y neoplatónicos, el nacimiento de la acústica musical como un episodio más de la consolidación de la visión mecanicista del mundo, el impacto sobre la música de la teoría de los afectos, el surgimiento del Barroco como el primer estilo musical de occidente en donde la teoría y la práctica musical ya no conforman dos universos completamente separados. Fueron ellos los que contribuyeron a crear, con sus esfuerzos, el moderno arte musical y la moderna acústica. En la figura de Vincenzo Galilei hemos querido rendirles el homenaje que merecen.[*]

Referencias bibliográficas

Bensa, E. & G. Zanarini (1999), "La fisica della musica. Nascita e sviluppo dell'acustica musicale nei secoli XVII e XVII", *Nuncius* XIV (1): 69-111.

Bianconi, L. (1999), *Music in the Seventeenth Century*, Cambridge: Cambridge University Press. (Primera edición en italiano, 1982.)

Boido, G. & E. Kastika (2002), "La ciencia de la música entre los siglos XVI y XVIII: de los sonidos que no se oyen a los orígenes de la acústica", en Horenstein, N., Minhot, L. & H. Severgnini (eds.), *Epistemología e Historia de la Ciencia*, Córdoba: Facultad de Filosofía y Humanidades, Universidad Nacional de Córdoba, Vol. 8, n. 8, pp. 60-66.

Bukofzer, M.F. (1994), *La música en la época barroca. De Monteverdi a Bach*, Madrid: Alianza Editorial. (Primera edición en inglés, 1947.)

Coelho, V. (ed.) (1992), *Music and Science in the Age of Galileo*, Dordrecht: Kluwer.

Cohen, H.F. (1984), *Quantifying Music, The Science of Music at the First Stage of the Scientific Revolution, 1580-1650*, Dordrecht: Reidel.

Crombie, A. (1990), *Science, Optics and Music in Medieval and Early Modern Thought*, London: The Hambledon Press.

---

[*] Parte de este trabajo fue expuesto en las *XIII Jornadas de Epistemología e Historia de la Ciencia*, Facultad de Filosofía y Humanidades, Universidad Nacional de Córdoba, La Falda, Córdoba, 28 al 30 de noviembre de 2002. Las consideraciones iniciales han sido elaboradas a partir de Boido & Kastika (2002). Los autores agradecen al Prof. Ramiro Albino por haber aportado observaciones vinculadas con la historia de la música que han permitido aclarar puntos importantes de este trabajo, y al Lic. Horacio Abeledo, quien realizó una lectura crítica de una versión preliminar del mismo y sugirió algunas pertinentes modificaciones.

Drake, S. (1970), "Vincenzio Galilei and Galileo", en Drake, S., *Galileo Studies. Personality, Tradition, and Revolution*, Michigan: Ann Arbor, Ch. 2, pp. 43-62.

Drake, S. (1975), "The Role of Music in Galileo's Experiments", *Scientific American* 232: 98-104.

Drake, S. (1992), *Music and Philosophy in Early Modern Science*, en Coelho (1992), pp. 3-34.

Fubini, E. (1999), *La estética musical desde la Antigüedad hasta el siglo XX*, Madrid: Alianza Editorial. (Primera edición en italiano, 1976.)

Galileo Galilei (1638), *Discorsi e dimostrazioni matematiche intorno a due nuove scienze*, en *Le Opere di Galileo Galilei* (editada por A. Favaro), Firenze: Edizione Nazionale, 1980-1909, VIII, pp. 9-448.

Galileo Galilei (1623), *Il Saggiatore*, en *Le Opere di Galileo Galilei* (editada por A. Favaro), Firenze: Edizione Nazionale, 1980-1909, VI, pp. 197-372.

Gouk, P. (1999), *Music, Science and Natural Magic in Seventeenth-Century England*, London: Yale University Press.

Gozza, P. (ed.) (2000), *Number to Sound, The Musical Way to the Scientific Revolution*, Dordrecht: Kluwer.

Kastika, E. (2001), "Música, ciencia y tecnología en la Europa de los siglos XVI y XVII", tesis inédita, Centro de Estudios Avanzados, Universidad de Buenos Aires.

Palisca, C. (1991), *Baroque Music*, New Yersey: Prentice Hall. (Primera edición, 1968.)

Palisca, C. (1992), "Was Galileo's Father an Experimental Scientist?", en Coelho (1992), pp. 143-151.

Pardo de Santayana, J. (1977), *Galileo Galilei*, Hernando: Madrid.

Scholes, P. (1981), *Diccionario Oxford de la música*, La Habana: Editorial Arte y Literatura.

La teoría galileana de la materia: *resolutio* e infinitos indivisibles

Fernando Tula Molina[*]

1. Introducción

En su libro *Atomism and its critics*, Andrew J. Pyle señala lo siguiente:

> La cohesión de los fluidos es uno de los grandes problemas que en-
> frenta la teoría de la materia de Galileo. Los cuerpos sólidos, él afirma
> en el Primer Día de los *Discorsi*, se mantienen unidos por la *fuga vacui*
> ejercida por sus microvacíos intersticiales; los líquidos, tales como el
> agua, carecen de tales puntos-vacío y carecen por tanto de cohesión
> (la explicación de la licuefacción de un cuerpo sólido la da en térmi-
> nos de la entrada de átomos ígneos o *ignicoli* en los vacíos intersticiales
> para neutralizar su *fuga vacui*). Galileo continúa negando, a la luz de al-
> guna evidencia poderosa, que un fluido tal como el agua posea ten-
> sión superficial –tal admisión sería fatal para su teoría de la materia.
> (Pyle, 1997, p. 495)

Toda doctrina atomista debe enfrentar el problema de explicar la cohesión de los cuerpos. En esta cita Pyle observa de modo más específico
que el problema para Galileo fue la explicación de la cohesión (o más propiamente, *falta* de cohesión) de los *fluidos*. Tal observación es, a mi juicio, no
sólo correcta, sino mucho más fructífera que comentarios de mayor generalidad como, por ejemplo, el realizado por A. Mark Smith al decir que: "Pare-

* Universidad Nacional de Quilmes (UNQ)/Consejo Nacional de Investigaciones
Científicas y Técnicas (CONICET), Argentina.

ce que la confluencia de poderosas corrientes físicas, metafísica y matemáticas condujeron a Galileo hacia su doctrina de los indivisibles" (Smith, 1976, pp. 571-588).

En este segundo caso, las dificultades empírico-conceptuales que Galileo debió enfrentar se diluyen en la mera enunciación de las tradiciones que en él confluyen. Pero, más allá de ello, la cita de Pyle tiene, para mis propósitos en este trabajo, la ventaja de incluir en muy poco espacio casi todos los aspectos del atomismo galileano que quiero comentar:

1. La relación entre la *cohesión de los fluidos* y la teoría galileana de la materia.
2. La causa de la cohesión y disolución de los cuerpos sólidos.
3. La concepción galileana de los líquidos.
4. El problema de la tensión superficial y el atomismo galileano.
5. La relación entre teoría y evidencia.

El motivo del presente trabajo es mi convicción de que todos estos puntos deben ser revisados para una comprensión cabal de la teoría galileana de la materia.

2. Tradiciones en conflicto tras la ciencia galileana

Antes de comenzar con tales puntos me parece necesario emprender la tarea preliminar de hacer referencia, al menos en parte, las principales tradiciones que convergen en la ciencia galileana. Con ello espero explicitar lo que, a mi juicio, serían los límites y alcances de la afirmación de A. Mark Smith indicada más arriba.

Me referiré fundamentalmente a la tensión entre la tradición arquimedeana –adoptada desde sus orígenes para analizar el problema del centro de gravedad de los sólidos– y el aristotelismo del Veneto –que acompañó su formación en el *Collegio Romano*. Esta tensión está directamente vinculada con su concepción inicial respecto de la constitución y propiedades de la materia. Por el lado de Arquímedes, la materia quedaba atomizada en la relación *per unit volume* permitiendo ser abordada rigurosamente bajo la noción de *momento*. No obstante, en ella no se consideraba ni la fuerza ni la velocidad derivando, por consiguiente, en una concepción no dinámica y no causal. Por el lado de Aristóteles, por el contrario, la dinámica era *esencialmente* causal. Pero, al responder al marco hilemorfista, tal dinámica priorizaba la intelección de la *forma*, por sobre *comprensión matemática* de las disposiciones atómicas en el continuo material.

2.1 Manchas solares y atomismo

El día siguiente a la Navidad de 1611 Galileo escribe la tercera y última carta a Marcos Velser sobre la naturaleza de las manchas solares observadas con su nuevo telescopio. Mediante diagramas precisos de las sucesivas posiciones de las manchas, y gracias al carácter proyectivo de la geometría, defiende su *movimiento conjunto*, lo cual sería explicable solamente bajo la hipótesis del movimiento solar, constituyendo "[...] una razón potentísima que bastaría por sí sola a demostrar la esencia de nuestro punto" (Galilei, 1890-1909, vol. V, p. 97).

Este es el argumento más fuerte con el cual Galileo da por concluida la controversia según queda consignada en tales cartas, las cuales se publicarán tiempo después en 1613. Sin embargo, en ellas no se incluye otro argumento relevante sobre la ubicación de las machas que su discípulo Benedetto Castelli le había comunicado privadamente el 8 de mayo de 1612:

> [...] movido por esta bella ocasión para filosofar [...] y si me fuese permitido filosofar sobre la naturaleza del cuerpo solar a partir de nuestros cuerpos luminosos, diré no sólo que es necesario que estas manchas estén en el cuerpo solar, sino que no puedo pensarlo de otra manera. (Galilei, 1890-1909, vol. V, p. 121)

Esta "ocasión para filosofar" le permite a Castelli utilizar su primer argumento atomista en sentido físico referido a la naturaleza de la luz:

> Agrego (conforme a mi suposición sobre la luz), que no siendo un cuerpo lúcido, otra cosa que un cuerpo que vibra continuamente desprendiendo corpúsculos sumamente veloces, [y] que el sol es lúcido, y que consecuentemente despide continuamente corpúsculos sumamente veloces, cuando el cuerpo no pueda comenzar a dividirse con tal velocidad y mientras los corpúsculos se muevan con lentitud no me producirán la apariencia que llamo luz: por tal motivo las manchas están necesariamente en el sol, que es lo que vemos. (Galilei, 1890-1909, vol. XI, carta 674)

Si nos guiamos por las dificultades conceptuales que Galileo enfrentó luego con relación al atomismo, sin duda que el motivo por el que este argumento no pasó del filosofar privado a la imprenta fue, seguramente, que todavía no había podido formarse una idea definitiva al respecto.

2.2 Hidrostática y atomismo

De un modo casi incidental Galileo inició en el mes de agosto de 1611 una polémica con Vicenzio di Gracia acerca del estado en que debía concebirse el agua en forma de hielo. Habiendo afirmado di Gracia que la solidez del hielo se debe a ser agua *condensada*, Galileo replicó que, en tal caso, pesaría *más* que el agua en estado natural y no podría flotar en ella; por esta razón debíamos concebirlo, por el contrario, como agua *rarificada*. Tal razonamiento recibió por respuesta el precepto aristotélico acerca de que la *causa* de la flotación de un cuerpo no era el *peso* sino la *forma* del mismo, convirtiéndose este punto en un nuevo polo de discusión (ver Galilei, 1890-1909, vol. IV, p. 66).

Días después, un Jesuita amigo de di Gracia, Ludovico Delle Colombe mostró experimentalmente que una *esfera* de ébano se hundía en el agua, mientras que una fina *tableta* del mismo material no lo hacía, con lo cual consideraba *experimentalmente* confirmada, en contra de Galileo, la interdependencia aristotélica entre forma y flotación. A tal experimento Delle Colombe le concedió carácter de *concluyente*, e inició una serie de demostraciones públicas frente a Galileo, dos de las cuales tuvieron como árbitro a Franceso Nori (ver Galilei, 1890-1909, vol. IV, pp. 66; ver, además, Drake, 1960, p. 58).

Al año siguiente, en 1612, se publicó el *Discorso intorno alle cose que stanno in sul'acqua e que in quella si muovono*, a instancias de Cósimo II de Médici. Cósimo exigió que Galileo abandone el debate público con Delle Colombe —indigno para un representante de la corte— y ponga por escrito sus afirmaciones (Galilei, 1890-1909, vol. XI, pp. 213-214).

Galileo elaboró su *discorso* dentro de la tradición arquimedeana, la cual había adquirido desde el comienzo de su carrera. Su primer trabajo como matemático, a instancia de Guidobaldo del Monte, fue el de determinar el centro de gravedad de los sólidos irregulares, buscando completar el trabajo que Commandino había realizado sobre los regulares, utilizando como noción central el *momento* arquimedeano (Galilei, 1890-1909, vol. I, pp. 178-207). Sin embargo, puede señalarse una diferencia importante respecto de tanto Commandino como Guidobaldo. Estos mantuvieron sus preocupaciones dentro de los límites de la recuperación humanista de textos griegos, por un objetivo mayor de su tarea fue respetar la *integridad literaria* de la obra, antes que su utilización para *comprender los problemas físicos* del mundo natural (ver Rose, 1975, caps. 9-12). Galileo, por el contrario, y ante la urgencia de la polémica, está más interesado en mostrar frente a Cósimo II que la explicación *correcta* del *movimiento natural* debe hacer referencia al concepto arquimedeano de peso, y no al aristotélico.

Su primer objetivo consistirá en impugnar el papel atribuido por Aristóteles a la *figura* de un cuerpo como causa de flotación o hundimiento. El modo de hacerlo consiste en admitir la importancia de la figura para penetrar un medio, *solamente cuando la materia es* apta. Así, por ejemplo, el filo de un cuchillo será importante para cortar el pan, pero por más agudo que logremos hacerlo, de nada servirá si el cuchillo es de cera. Habiendo supeditado, entonces, la *forma* a la "la aptitud de ciertas materias por su propia naturaleza a vencer la resistencia del medio", dirá que ésta está referida a la *gravedad en especie* o, en nuestros términos, al peso específico.

Mucho se ha dicho sobre mencionado contraejemplo a esta explicación que esgrimió Ludovico delle Colombe a esta explicación. Menos se ha hablado del esfuerzo intelectual de Galileo al tratar de comprender la *causa* de tal fenómeno, que contradecía los principios de Arquímedes; y de las dificultades que le trajo no conocer el concepto adecuado para su explicación, cual es el de "tensión superficial".[1] Quiero aquí mostrar la vinculación de este problema con la adopción de una concepción atomista de la materia.

Lo que Galileo *observa* es que el cuerpo sí se hunde, es decir el límite inferior del cuerpo queda por debajo del nivel del agua, pero lo hace hasta un cierto punto, y luego se detiene (Fig. 1). Por eso se pregunta:

> ¿Cuál es la causa por la que se detiene el hundimiento donde ya se ha vencido la resistencia del agua por el propio peso y queda suspendida en la cavidad que ha fabricado el agua? ¿por qué al sumergirse sin que su superficie llegue al nivel del agua, el cuerpo ha *perdido parte de su gravedad*...? (Galilei, 1890-1909, vol. IV, p. 98)

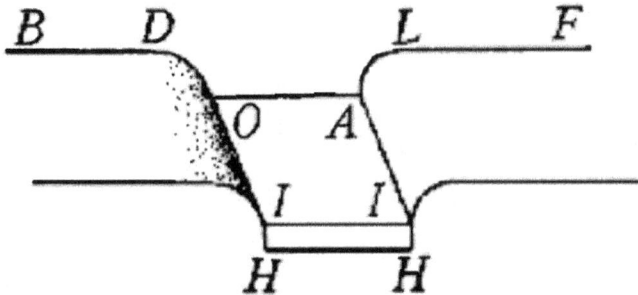

Figura 1.

Su respuesta, completamente falsa a nuestros ojos, es que:

> Tal pérdida se produce por el hecho de hacer descender a tal cavidad *por contacto adherente* una parte del aire superior, con lo cual lo que está colocado en el agua no es una tableta de ébano o de metal, sino un

---

[1] Una excepción es Biagioli (1993), pero la interpretación dada a continuación es por completo diferente a la de Biagioli. Un tratamiento completo de este punto puede encontrarse en Tula Molina (2002).

compuesto de ébano y aire, del cual resulta un sólido que ya no es superior al agua, como lo eran el simple ébano u oro. (Énfasis mío)

Lo interesante es notar que esta explicación lo enfrenta con una dificultad ulterior, cual es explicar cómo es posible tal *combinación* de dos materias diferentes ¿cómo es posible que el aire y el ébano *se combinen* de modo que puedan ser considerados un cuerpo *único*, y de ese modo justificar la afirmación de que se ha *alterado* (disminuido) el *peso específico del conjunto*? Por este motivo dirá que:

> Seguramente algunos de los que discrepan conmigo se maravillarán de que yo quiera en cierto modo atribuir una cierta *virtud atractiva* al aire para sostener los cuerpos graves con los cuales es contigua... Por ello he estado pensando cómo demostrar con alguna otra experiencia sensata cómo efectivamente un poco de aire contiguo y superior puede sostener aquellos sólidos que por su propia naturaleza se irían al fondo... Encontré que al ubicar uno de tales cuerpos en el fondo y mandarles aire sin tocarlos, el aire se combina con la parte superior del cuerpo y es suficiente no sólo para sostenerlo como antes, sino para llevarlo a la superficie... Así hay entre el aire y los restantes cuerpos una cierta *afinidad* que los mantiene unidos. (Galilei, 1890-1909, vol. IV, pp. 101-102)

A su vez, para explicar en qué consiste tal *afinidad* Galileo hace referencia a la experiencia ampliamente difundida de la dificultad que uno encuentra para separar dos planchas de mármol perfectamente pulidas, donde "no queda nada ente ellos". La responsable de tal cópula y adherencia será la *virtud atractiva* (virtù calamitica) "[...] la cual con nexo sólido mantiene unidos a todos los cuerpos que tocan mientras no medie la interposición de un medio fluido". E inmediatamente a continuación agrega el siguiente comentario en tono de especulación filosófica: "¿y quién sabe si tal contacto, cuando sea completo no sea causa suficiente de la unión y continuidad de las partes de un cuerpo natural?" (Galilei, 1890-1909, vol. IV, p. 103).

Es aquí donde se genera para Galileo el problema del continuo material que enmarca su respuesta en término de *infinitos indivisibles*, y que publicará 15 años más tarde en los *Dirscorsi e dimostrazioni matematiche* de 1638. Por ello, para lo que se dirá más adelante, deben retenerse los siguientes puntos:

1. En cuanto a lo que puede considerarse como *herencia conceptual*, la postulación de la constitución atómica surge como consecuencia de la definición arquimedeana de peso por unidad de volumen.

2. Ese concepto enmarca la comprensión de Galileo de los fenómenos hidrostáticos, pero no es suficiente para explicar físicamente por qué el hundimiento de la tableta de ébano se *detuvo*.

3. Tal explicación deriva en la postulación de una cierta *virtud atractiva*, la cual permite *combinar* partes de aire y partes de ébano.

4. Para que tal *virtù* actúe, debe mantenerse el *contacto*. Su acción *cesa* si se "interpone un medio fluido".

5. Comienza a especularse sobre la posibilidad de que tal *virtù* sea causa suficiente de la unión y continuidad de *todo* cuerpo natural.

2.3 La evaluación de la polémica Aristóteles-Demócrito: peso específico como *proporción característica* de unidades elementales

El tránsito hacia tal especulación más amplia, que pueda considerarse como *teoría galileana de la materia*, no fue rápido ni sencillo. Este aspecto me parece importante tenerlo en cuenta para evaluar los límites y alcances de las afirmaciones sobre tal *teoría* en la obra de Galileo. El recorrido comienza con su *evaluación* de la polémica entre Aristóteles y Demócrito. Desde un punto de vista conceptual el resultado de esta evaluación fue que el concepto de peso específico atraviesa una etapa donde adquiere connotaciones aristotélicas, llegando a ser conceptualizado como la *proporción característica* de *elementos fundamentales*, con sus respectivas tendencias dinámicas naturales. Veamos esto con un poco más de detalle.

En tal controversia Aristóteles niega la afirmación de Demócrito de que algunos *átomos ígneos* que continuamente ascienden por el agua puedan empujar hacia arriba, y sostener, cuerpos graves. El argumento es que ello debería suceder con mucha más razón en el aire. Demócrito replica que la diferencia es que en el aire tales átomos no actúan *de modo conjunto*. Ante ello Galileo afirma lo siguiente:

> [...] no diré que la razón aducida por Demócrito sea verdadera, diré solamente que no me parece que haya sido completamente refutada por Aristóteles al decir que, si fuese verdadero [...] ello debe suceder más en el aire que en el agua; porque probablemente en opinión de Aristóteles, los mismos corpúsculos calientes ascenderían con mayor fuerza y velocidad en el aire que en el agua [a partir de concebir la velocidad como un cociente entre fuerza y resistencia]. Y si bien ésta es según creo la posición de Aristóteles, hay para mí ocasión para dudar y puede haberse engañado en más de un punto. (Galilei, 1890-1909, vol. IV, pp. 129-130)

Los principales argumentos que utiliza Galileo contra Aristóteles son:

a)   Haber considerado como causa de la mayor o menor velocidad del mo-
     vimiento, solamente la diferencia en la figura y la mayor o menor *resisten-
     cia del medio a ser dividido por tales formas, sin comparar la diferencia de gravedad
     entre el móvil y el medio*, "el cual es un punto principalísimo en esta mate-
     ria",
b)   Haber creído en la insegura idea de que la razón por la que algunos
     cuerpos elementales se mueven hacia arriba y hacia abajo es una cuali-
     dad positiva e intrínseca.
c)   No haber advertido que los cuerpos son más graves en el aire que en el
     agua.

Por tales motivos Galileo concluye que "al menos en este punto Demócrito ha filosofado mejor que Aristóteles" (Galilei, 1890-1909, vol. IV, p.
131).

Habiendo concluido a favor de Demócrito, Galileo emprende la tarea de
determinar cuánto de la teoría de Demócrito está dispuesto a aceptar por lo
que plantea la siguiente dicotomía:

> Debe decirse por lo tanto o que tales *átomos ígneos* ascendentes no
> existen, o que no son lo suficientemente potentes para hacer ascender
> una tableta de cualquier material que, de otro modo se hundiría. (Ga-
> lilei, 1890-1909, vol. IV, p. 132).

El motivo de la exposición hasta aquí es mostrar el contexto de ideas y
problemas en que Galileo afirma, inmediatamente a continuación: "De tales
posiciones, la segunda es la verdadera" (Galilei, 1890-1909, vol. IV, p. 132).

Luego de la carta a Castelli sobre las manchas solares, ésta es la primera
afirmación explícita de su convicción atomista, a la cual ha arribado tratando
de explicar el inexplicable fenómeno de la tensión superficial, y el concepto
de *virtù attractiva*. La experiencia a la que nos remite para afirmar la existencia
de los átomos ígneos es la siguiente:

> Si en un recipiente de agua fría ponemos un cuerpo de gravedad ape-
> nas superior al agua que se vaya lentamente al fondo, y luego pone-
> mos unos carbones bajo el recipiente, los *corpúsculos ígneos* penetran
> primero la substancia del recipiente, ascienden sin duda por el agua,
> chocan con el mencionado sólido, lo conducen y lo mantienen en la
> superficie, mientras dura el fuego y cuando éste cesa, el sólido se va al
> fondo. (Galilei, 1890-1909, vol. IV, p. 133)

Sin embargo, a pesar de este reconocimiento sabe que la teoría atomista
de Demócrito no es explicación suficiente del hundimiento o reposo porque, como el propio Demócrito había notado,

[...] esto sólo sucede cuando el grave es de materia apenas más pesada que el agua y sumamente sutil [...] mientras que la tableta de nuestro adversario sólo detiene el hundimiento cuando no está completamente sumergida. Por lo que deben ser *causas diferentes* las que se refieren a aquello de lo que habla Demócrito y de lo que hablamos nosotros. (Galilei, 1890-1909, vol. IV, p. 133; énfasis mío)

De este modo retoma la polémica y pasa a considerar la objeción de Aristóteles de que

[...] si Demócrito tuviera razón, entonces, una gran cantidad de agua tendría más cantidad de fuego que un pequeño volumen de aire, y un gran volumen de aire tendría más tierra que una pequeña parte de agua, por lo que sería necesario, entonces, que el volumen de aire cayese más velozmente que una pequeña cantidad de agua, lo cual, al no verse de modo alguno, indica que Demócrito razona erróneamente. (Galilei, 1890-1909, vol. IV, p. 133)

Galileo hace dos observaciones por las cuales este argumento aristotélico no es concluyente. La primera se refiere a la relación aristotélica entre peso y velocidad, a la que enfrenta el concepto arquimedeano de peso específico:

[...] para que sea concluyente sería necesario que un volumen mayor de tierra en sí mismo (*semplice*) se moviese más velozmente que uno menor, y esto es falso, a pesar de que Aristóteles en muchos lugares lo toma como verdadero. Porque no es la mayor *gravedad absoluta*, sino la mayor *gravedad in especie,* la razón de la mayor velocidad: no desciende una esfera de madera que pese 10 libras que una que pese 11, sino que desciende más velozmente una esfera de plomo de cuatro onzas que una de madera de 20 libras, porque el plomo es *in ispecie* más pesado que la madera [...]. Así, por el contrario cualquier volumen de agua deberá moverse más velozmente que cualquiera de aire, *por ser la participación de la parte térrea in ispecie mayor en el agua que en el aire* [...] (Galilei, 1890-1909, vol. IV, pp. 133-134; énfasis mío).

El segundo punto que observa Galileo es que

[...] al multiplicar el volumen del aire, *no se multiplica solamente aquello que tiene de térreo, sino también el fuego*, por lo que aumenta tanto la causa de su movimiento hacia abajo como la de su movimiento hacia arriba. (Galilei, 1890-1909, vol. IV, p. 134; énfasis mío)

Por tales razones, si bien Galileo no afirma de modo absoluto el veredicto sobre la controversia, concluye que "la falacia es mayor en el discurso de Aristóteles que en el de Demócrito" y agrega, quizá con cierta ironía, un comentario sobre la *evidencia* y la *autoridad* de Aristóteles. Comenta que, tratando de entender el argumento de Aristóteles, se preguntó a partir de qué experiencia pudo haber inferido que sería necesario que un gran volumen de aire se moviese más velozmente que uno de agua:

> El creer verlo en el elemento del agua o en el aire es inútil porque ni el aire se mueve en el aire, ni el agua en el agua, *más allá de cual participación le asignemos de tierra o de fuego*: la tierra, al no ser un cuerpo fluido y cedente a la movilidad de otros cuerpos es un medio muy poco apto para tal experiencia: el vacío, al decir del propio Aristóteles, no se da, y, si se diese, nada se movería en él: queda la región del fuego, pero estando tan distante de nosotros qué experiencia podría ser segura, ¿o habrá acertado Aristóteles de manera que se deba, como de cosa evidente, afirmar cuanto produce en contra de Demócrito, es decir que se mueve más velozmente un gran volumen de aire que uno pequeño de agua? (Galilei, 1890-1909, vol. IV, p. 134; énfasis mío)

Por mi parte quiero quedarme con dos elementos que me parecen a esta altura claros y que quiero revisar más adelante:

a) Si bien es claro que puede afirmar que es falso afirmar que un volumen mayor de tierra se mueve con mayor velocidad que uno menor, gracias a la definición arquimedeana de peso por unidad de volumen, el razonamiento no es de tipo matemático, sino *físico*.

b) El segundo punto consiste en notar el modo particular en que combina la idea de Arquímedes de peso específico con la teoría de los cuatro elementos en la versión atomista de Demócrito. Aquí Galileo entiende el peso específico como la *proporción característica* de unidades de elementos fundamentales (agua, aire, tierra, fuego) en cada material natural (madera, plomo, oro). Este nexo, no siempre señalado, es un punto central de la hidrostática Galileana, que profundiza a partir del experimento de Delle Colombe en su intento de explicar por qué el ébano no se hunde.

Como vimos, la evaluación de la polémica Aristóteles-Demócrito no lo condujo a aceptar sin más las tesis de este último. Por el contrario, criticó la posibilidad de que los átomos ígneos puedan resistir el hundimiento del cuerpo y, por ello, volvió a ser necesario completar la explicación basada en la diferencia de pesos específicos. Ésta requería que el agua *no oponga resistencia a ser dividida* —a diferencia de la explicación aristotélica basada en la resistencia del medio– y tal requisito es el que conduce a Galileo directamente a su teoría de los *infinitos indivisibles*.

3. Cohesión de los fluidos y teoría galileana de la materia

La teoría de los *infinitos indivisibles* constituye el centro de la concepción atomista de Galileo. Sus características responden en parte a los problemas mencionados y en parte a las estrategias argumentativas propias de Galileo para solucionarlos. Con esto quiero decir que tal teoría no es una simple herencia de las discusiones previas sobre la composición del continuo material, y que tiene características que tampoco se transmitirán dentro de la propia escuela galileana, como podría esperarse, por ejemplo, en el método de los indivisibles desarrollado y difundido por Bonaventura Cavalieri. En particular la *porosidad* de la materia surgió como una condición necesaria para que el aire y el ébano puedan combinarse, dejando planteado el problema fundamental de comprender la *naturaleza* del agua.

Esta comprensión fue ardua y pasaran 26 años, a contar desde la publicación del tratado hidrostático, hasta la publicación de sus ideas más maduras al respecto en su última obra, ya cumpliendo arresto domiciliario. Allí el tema fundamental queda planteado desde la primera jornada: la resistencia de los materiales a la división y fractura. Su preocupación inicial por la resistencia del agua a la división, bajo la hipótesis generalizante de la *causa de cohesión de todo cuerpo natural*, ha derivado en el problema de cuál es la fuerza necesaria para *vencer la que mantiene unidas sus partes entre sí*. Allí afirma que:

> Lo que queríais oír es lo que pienso acerca de la resistencia a la fractura de los cuerpos cuya contextura no está compuesta de filamentos, como es el caso de las cuerdas y la mayor parte de las maderas. La cohesión de sus partes resulta, según mi punto de vista, de otras causas, las cuales se reducen principalmente a dos. Una es la tan vapuleada repugnancia de la naturaleza a admitir el vacío; la otra (al no bastar ésta del vacío) hay que buscarla en algún *aglutinante, cola o viscosidad* que una fuertemente las partículas de las que se componen dichos cuerpos. Hablaré primero del vacío mostrando con experimentos cuánta y cuál es su fuerza. (Galilei, 1890-1909, vol. VIII, p. 59; el énfasis es mío)

Comienza mencionando el mismo ejemplo-guía de las dos placas de mármol perfectamente pulidas, y la resistencia que ofrecen a la separación cuando no ha quedado nada de aire entre ellas. Luego agrega:

> Pero os he de decir, sin embargo, que esta razón del vacío, que es válida y concluyente en el caso de las dos láminas, no es suficiente ella

sola, para dar cuenta de la fuerte cohesión de las partes de un cilindro sólido de mármol o de metal, y a las que si se hace violencia por medio de una tracción suficientemente potente, acaban por dividirse y separarse. Y si encuentro el medio de distinguir esta resistencia, ya conocida y que depende del vacío, de cualquier otra, sea la que fuese, y que concurriese con ella para fortalecer la unión, y si os hago ver cómo aquella no es suficiente, ni mucho menos por sí sola para conseguir tal efecto ¿no habréis de conceder que es necesario introducir otra distinta? (Galilei, 1890-1909, vol. VIII, p. 61)

Galileo necesita separar ambas causas, el *horror vacui* y la fuerza responsable de la *cohesión interna* de las partes en un cuerpo continuo. Para ello, de un modo sumamente ingenioso, mide la cantidad de lastre que hay que colgar del tapón de un cilindro hueco puesto boca abajo, y la compara con la que hay que colgar de un cilindro de mármol de las mismas dimensiones para quebrarlo. La conclusión será que la fuerza necesaria para lo segundo será cinco veces mayor que para lo primero.

Las objeciones que Galileo considera por boca de Simplicio parecen más cercanas a las preocupaciones instrumentales de Boyle, que a la identificación de una nueva causa de la cohesión de los cuerpos. Simplicio objeta: "¿Cómo es posible estar seguro que el aire u otra exhalación más sutil no penetra a través de las porosidades de la madera o del mismo cristal?" (Galilei, 1890-1909, vol. VIII, p. 63). Como la intención de Galileo no es demostrar la existencia del vacío, responde:

En tal caso se vería caer el tapón. Pero si tales cosas no tuvieran lugar, podríamos tener la seguridad de que la experiencia se ha realizado con las debidas precauciones. (Galilei, 1890-1909, vol. VIII, p. 65)

De todas maneras el problema principal será determinar cuál puede ser la causa del *resto* de la resistencia, que Sagredo formula de la siguiente manera:

Cuál es el *aglutinante o la cola* que mantiene unidas las partes del sólido, dejando aparte el vacío; y por lo que a mí respecta sería incapaz de imaginarme qué tipo de cola puede ser ésta que no se quema ni consume en un horno al rojo vivo ni en dos, ni en tres, ni en cuatro, ni en diez, ni en cien meses. La plata, el oro o el cristal, por su parte, licuados, permanecen así durante largo tiempo en el crisol, pero si se les retira, sus partes, al enfriarse, vuelven a reunirse y recobran la misma cohesión que tenían al principio. (Galilei, 1890-1909, vol. VIII, p. 66; el énfasis es mío)

Es precisamente en este punto, y con relación a este problema, que Galileo formula por primera vez su hipótesis sobre los *infinitos indivisibles* que constituyen el continuo material:

> Os voy a decir algo que se me acaba de pasar por la imaginación y que no os lo daré como algo verdadero sino a modo de conjetura aún sin madurar, sometiéndola a consideraciones más elevadas. Tomad lo que os parezca y del resto haced lo que juzguéis más conveniente. Considerando, a veces, cómo el fuego deslizándose entre las partículas más pequeñas de tal o cual metal, las cuales se encuentran fuertemente unidas, acaba por separarlas y desunirlas; y cómo cuando el fuego se retira, vuelven a unirse inmediatamente con la misma fuerza que al principio poseían, sin que haya disminuido en nada la cantidad en el caso del oro, y muy poco en otros metales, incluso si han permanecido éstos separadas durante mucho tiempo, pensé yo que esto podía suceder debido a que las partículas más sutiles del fuego, al penetrar por los poros estrechos del metal (a través de los cuales y dada su estrechez no podrían pasar ni el aire ni otros muchos fluidos) llenasen estos vacíos mínimos, liberando así a las partículas más pequeñas de la presión ejercida por estos mismos vacíos, al atraerse mutuamente, impidiendo su separación. De este modo, al poder moverse libremente, su materia *se haría fluida*, permaneciendo en este estado mientras quedasen entre ellas los corpúsculos de fuego. A desaparecer éstos, los vacíos primitivos volverían a su sitio, dándose de nuevo la atracción entre ellos, y consecuentemente, la unión de las partes. (Galilei, 1890-1909, vol. VIII, pp. 66-67; el énfasis es mío)

Ante la inmediata objeción de que, si la causa de la cohesión fuera el resultado de mínimos vacíos que mantienen las partes unidas, entonces no se habría distinguido dos fuerzas como pretendía, sino que en ambos casos la causa sería el vacío, tornando inexplicable la proporción de 5 a 1 antes mencionada, agrega:

> Si bien estos vacíos serían muy pequeños y, por tanto, cada uno de ellos podría ser vencido fácilmente, no obstante, la innumerable multitud multiplica innumerablemente (por decirlo de alguna manera) las resistencia. Que de la unión de un gran número de *momentos* insignificantes resulta una fuerza inmensa, tenemos una prueba evidente cuando vemos que un peso de millones de libras que es sostenido por una cuerda muy gruesa, resulta vencido finalmente y es levantado gracias al esfuerzo de innumerables átomos de agua, los cuales, arrastrados por el viento del norte o porque diluidos en una finísima niebla,

se mueven por el aire, acaban por alojarse entre las fibras de las cuerdas más tensas, sin que la inmensa fuerza del peso que los sostiene pueda impedirles la entrada. Así, pues, penetrando a través de estrechos conductos, ensancha las cuerdas al mismo tiempo que las acorta, por lo que terminan elevando con fuerza aquella pesadísima mole.

Este nexo queda a mi juicio claro cuando finalmente concluye:

> Me parece que de todo esto se puede concluir, razonablemente, que los elementos más pequeños *en que puede resolverse el agua* son muy diferentes de las partículas mínimas extensas y divisibles. Esta tiene menos consistencia que el polvo, por fino que éste sea, más aún, se podría decir que no tiene consistencia ninguna. Yo no sabría explicar esta diferencia si no es diciendo que los elementos últimos del agua son indivisibles. Me parece también que la perfecta transparencia del agua es un argumento muy fuerte a favor de esta hipótesis, ya que si tomamos el cristal más transparente que podamos encontrar y comenzamos a romperlo y triturarlo, una vez que los hemos reducido a polvo, pierde la transparencia y esto tanto más cuanto más finamente lo pulvericemos. El agua, sin embargo, que está sumamente triturada, es diáfana. El oro y la plata, pulverizados más sutilmente bajo la acción de ácidos que lo que se conseguiría con la mejor lima, con todo siguen siendo polvo,[2] y no se convierte en fluidos ni se licúan a no ser que los disuelvan en sus últimos componentes los indivisibles del fuego o de los rayos del sol, siendo aquellos, creo yo, infinitos e indivisibles. (Galilei, 1890-1909, vol. VIII, p. 86; el subrayado es mío).

Podemos observar que la conclusión está referida de modo directo a la naturaleza del agua y a su falta de cohesión, dando una respuesta tardía a su polémica con Delle Colombe. También puede verse que la acción para ocupar los vacíos mínimos entre las partes de un metal les está reservada a los *átomos ígneos* que son los que, a partir de la sugerencia de Castelli, y luego de la mano de Demócrito, admitió como *existentes*. Ésta es la razón por la que las primeras referencias atomistas de Galileo se refieren a *atomi ignei ascendenti*, *atomi ignei, atomi caldi, particole del fuoco*, a los que de modo general podemos referirnos como *átomos ígneos*. Por tales motivos, podría decirse que la hipótesis sobre los es un tratamiento más extenso de la respuesta que tuvo que dar apresuradamente en 1612 ante el fenómeno de tensión superficial, en

---

[2] Ácido nítrico o sulfúrico. No considera combinación de ácido clorhídrico y nítrico, donde el clorhídrico se oxida con el oxígeno del nítrico y al dejar cloro libro forma cloruros con el oro.

términos de disminución del peso específico por la *combinación* de las partes del cuerpo con las del aire que quedaban por debajo del nivel del agua.

Varios puntos de continuidad pueden reconocerse en este sentido:

a) La acción de las partes del fuego para *llenar* los intersticios vacíos.
b) La anulación del vacío como anulación de la causa de atracción de las partes y, por ente, de la cohesión de todo cuerpo natural.
c) La falta de cohesión como punto central en la comprensión de los medios fluidos.

4. ¿Atomismo físico o atomismo matemático?

Hasta aquí he buscado señalar los problemas e intuiciones *físicas* que enmarcaron el desarrollo de la teoría galileana de la materia. Sin embargo, nada he dicho todavía del papel jugó la matemática en este recorrido. Voy a aprovechar la exposición de este punto para evaluar al mismo tiempo la tesis reciente de Carla Rita Palmerino, quien propone que Galileo *evolucionó* de un atomismo *físico* a uno *matemático* (Palmerino, 2001, pp. 381-422).

Palmerino propone un nexo significativo entre la teoría de los *infinitos indivisibles*, con el proyecto de fundamentación de su teoría de caída de los cuerpos mediante la definición de "reposo" como *grado infinito de lentitud*. Por ello, su artículo –que lleva por subtítulo "un puente entre las teorías del movimiento y las de la materia"– le otorga un valor central a la solución a la paradoja aristotélica de las ruedas concéntricas (*rota aristotelis*) ofrecida en la *Primera Jornada* de su tratado de 1638. El trabajo argumenta, consistentemente, que el uso galileano de tal paradoja puede ser visto como un *medio de transformar* una teoría continuista del movimiento en una teoría atomista de espacio, tiempo y materia, y también en sentido contrario.

Esta tesis pretende, al mismo tiempo, explicar por qué Galileo habría abandonado el atomismo del *Il Saggiatore*, donde las diversas formas y tamaño de los átomos daban lugar a las cualidades primarias, por un atomismo de infinitos e indiferenciados *indivisibles*. A este cambio lo describe como el paso del atomismo *físico* al atomismo *matemático*. En su opinión, si bien esta transformación recibió considerable atención fundamentalmente en los años setenta, no se habría propuesto ninguna razón convincente para justificar esta evolución del atomismo galileano.[3] Cómo único intento de hacerlo durante los ochenta, menciona la tesis de Pietro Redondi quien lo atribuye a la *prudencia* de Galileo frente las decisiones del Concilio Tridentino (teniendo en cuenta que su atomismo físico hacía imposible dar cuenta de la presencia

---

[3] Palmerino, 2001, p. 393, n. 31, refiriéndose a William Shea, Hugo Baldini y H. E. Le Grand.

del cuerpo y sangre de Cristo en los accidentales pan y vino eucarísticos). Lejos de esta explicación en términos de circunstancias externas, Palmerino cree que las razones deben buscarse en los problemas que la propia obra de Galileo fue dejando pendientes con relación al comportamiento de los cuerpos materiales, y también para "proveer una justificación implícita para uno de los principios fundamentales de su teoría de caída libre" (Palmerino, 2001, p. 394).

Coincido con Palmerino en buscar la respuesta en el propio desarrollo de la obra de Galileo. Sin embargo, me siento obligado a defender, según lo dicho, que el atomismo Galileano no dejó en ningún momento de ser un atomismo *físico*.

Como dije, Palmerino hace un uso central de la paradoja de la *rota aristotelis*, inicialmente, en la formulación de Algazel: ¿cómo es posible que en una rueda que gira, un punto cercano al centro y uno cercano a la periferia describan *circunferencias diferentes* en el *mismo tiempo*? (Palmerino, 2001, p. 383). También recurre a la formulación de las pseudo aristotélicas *Quaestiones mecanicae* donde el problema se formula mediante dos círculos de diámetro diferente que ruedan separadamente sobre sus respectivas tangentes, trazando en una revolución dos líneas de la misma longitud. Cabe señalar que se supone aquí –supuesto que no hará Galileo– que todos los puntos de cada círculo entran en *contacto* con todos los puntos de sus respectivas tangentes.

Lo realmente *innovador* en el tratamiento que Galileo hace de esta paradoja clásica consiste en la *estrategia* utilizada para enfrentarla. Tal estrategia consiste en *reducir* el análisis de los dos *círculos* concéntricos al de dos *hexágonos* concéntricos, bajo la definición de "circulo" como polígono de lados infinitos. Con ello Galileo logra pasar del domino de lo *infinito* a lo *finito*, considerando los hexágonos concéntricos como *caso* de los círculos concéntricos. Este movimiento le permite demostrar geométricamente que el polígono interno, al rotar, traza una línea de la misma longitud, pero *interrumpida* en realidad por –en este caso– cinco *saltos* –ver la Fig. 2 (Palmerino, 2001, p. 387).

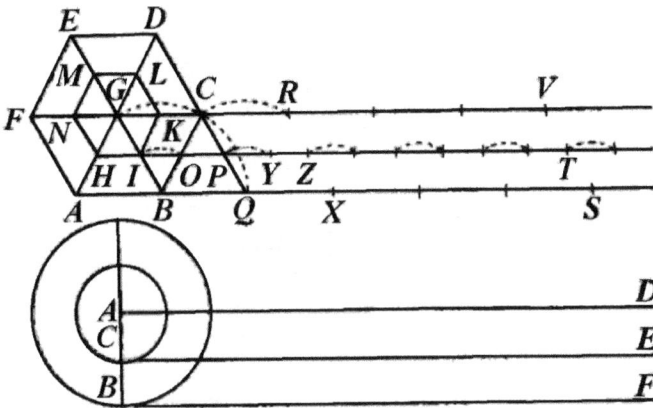

Figura 2.

Al trasladar este resultado nuevamente al dominio de lo infinito, quedará demostrado que un número infinito de vacíos no extensos y un número infinito de indivisibles pueden encontrarse en una extensión finita, solucionándose la paradoja de la *rota aristotelis*. Esta tesis constituye el centro de la teoría galileana de los infinitos indivisibles.

Galileo no fue original, sin embargo, al invocar el argumento para explicar el mecanismo de condensación y rarefacción. Por el contrario, recurre a este análisis justamente por su intención de explicar la condensación y rarefacción de los cuerpos. Debe recordarse que este punto había sido el origen de la polémica con Di Grazia, sobre la naturaleza del hielo. Dominando ahora el paso de lo infinito a lo finito según lo mencionado, Galileo explicará la *rarefacción* por el hecho de que es la rueda *externa* la que imprime el movimiento. El lado IK es movido *sin tocar* la línea tangente, dejando *vacío* el segmento IO. De este modo la longitud total de la línea tangente quedaría *compuesta* por segmentos intercalados *plenos* y *vacíos*.

Por el contrario, cuando es la rueda interna la que rige el movimiento, la externa está obligada a comprimir sus propios vacíos, obteniéndose de este modo el fenómeno de condensación (Fig. 3).

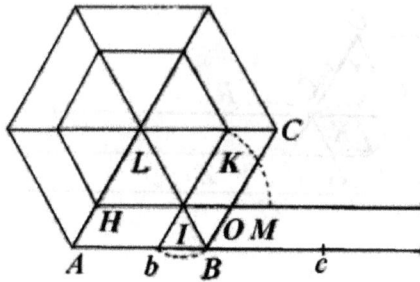

Figura 3.

Así, en definitiva, y dado que los fenómenos que se buscan explicar son la *rarefacción* y la *condensación*, en principio no habría motivos para dudar que el atomismo involucrado es fundamentalmente de índole *físico*. Sin embargo, según Palmerino al hacerlo Galileo habría postulado un "isomorfismo absoluto entre los cuerpos físicos y los geométricos" (Palmerino, 2001, p. 390), volviendo *matemático* el aspecto central de su propuesta atomista.

El punto es –como puede apreciarse– en cierta medida terminológico aunque, en mi opinión, no por ello menor en la interpretación de la propuesta galileana. En una nota al pie, Palmerino rechaza la traducción de Stillman Drake de *"no quanto"* como *no cuantificable*, y explícitamente responsabiliza a esta traducción de haber acarreado gran confusión entre los intérpretes de Galileo. Su propuesta es la de traducir *"no quanto"* como "inextenso", "Dado que el sentido [...] no es que el mínimo no pueda ser cuantificado, sino que no tiene cantidad en el sentido de extensión espacial" (Palmerino, 2001, p. 338, n. 18).

Si bien es posible que no sea central entrar en este debate, esta interpretación tiene para mí tres problemas:

a)   Establece una distinción entre dos tipos de atomismo que no alcanzo a percibir.
b)   Resulta extraño que lo *no quanto* sea el objeto propio de un atomismo *matemático*.
c)   Deja el problema, como la propia Palmerino reconoce, de cómo entender que lo inextenso sea *operativo* –produzca cambios– desde el punto de vista físico.

Paso entonces a tratar de justificar una traducción diferente para "non quanto" como *no discreto*, como el resultado del proceso *físico* y un cambio no cuantitativo, sino cualitativo. Un punto importante para mí es que la intuición fundamental a la que Galileo recurre para pensar el problema –según vimos– es el de la licuefacción del oro en el crisol. Si consideramos nosotros también ese ejemplo, podemos apreciar que el "punto de licuefacción" implica un *antes* y un *después*, al que no puede darse sentido en términos meramente cuantitativos de sumas sucesivas de grados de calor. Con el paso de lo finito y divisible a sus infinitos indivisibles como constituyentes últimos, Galileo no está hablando tanto del paso del atomismo físico al matemático sino, por el contrario, y en mi opinión, mostrando cómo una transformación física *no puede ser completamente descripta* de modo numérico ni geométrico.

Como primer punto quisiera comenzar por la cita de *Il Saggiatore* (1623) donde Galileo busca distinguir entre los *minimi quanti* y los *atomi realmente indivisibili*, que Palmerino interpreta explícitamente como *mínimos extensos* y *átomos inextensos*. Galileo afirma refiriéndose a los átomos más pequeños, los átomos de calor o fuego (*ignicoli*):

> Y tal vez mientras la sutilización y frotamiento se produce entre partes mínimas divisibles (*i minimi quanti*), su movimiento es temporal y su acción es sólo calórica; pero, cuando se alcanza su resolución más alta y última en átomos realmente indivisibles (atomi realmente indivisibili), se crea la luz con movimiento o –preferiríamos decir– expansión y difusión instantánea, capaz de ocupar inmensos espacios por su no sé si decir sutileza, rareza, inmaterialidad, o aún otra propiedad diferente de todas ellas y sin nombre. (Galilei, 1890-1909, vol. 6, p. 351)[4]

---

[4] "E forse mentre l'assottigliamento e attrizione resta e si contiene dentro a i minimi quanti, il moto loro è temporaneo, e la lor operazione calorifica solamente; che poi arrivando all'ultima ed altissima risoluzione in atomi realmente indivisibili, si crea la luce, di moto o vogliamo dire espansione e diffusione instantanea, e potente per la sua, non so s'io debba dire sottilità, rarità, immaterialità, o pure altra condizion diversa da tutte queste ed innominata, potente, dico, ad ingombrare spazii immensi" (Galilei, 1890-1909, vol. 6, p. 351). Agradezco aquí al referí anónimo por sus observaciones sobre una versión previa de esta sección (presentada en las *XIII Jornadas de Epistemología e Historia de la Ciencia* del año 2002) que han permitido mejorarla. En este punto sugiere comparar la traducción de este párrafo con la realizada por Víctor Navarro: "Y tal vez mientras dura esta sutilización y frotamiento y se mantiene dentro de unas cantidades mínimas divisibles, su movimiento es temporal y su operación solamente calorífica; pero al alcanzar la última y elevadísima resolución de átomos realmente indivisibles se crea la luz con un movimiento o, mejor dicho, expansión y difusión instantánea y capaz por su, no se si debo decir, sutilidad, rareza inmaterialidad o bien por otra condición diversa de todas éstas e innominada, capaz, digo, de llenar espacios inmensos." Quiero simplemente señalar que, en mi opinión, es más adecuado traducir "i minimi cuanti" por "partes mínimas divisibles" y no

Palmerino ve en esta cita un punto intermedio en la evolución del atomismo galileano, dado que la carencia de extensión –en su traducción– se postula aquí sólo como distintiva de las partículas últimas de la luz, mientras que en 1638 se postulará como el atributo común de *todos* los átomos. De modo contrario, veo en esta cita con más claridad que Galileo *no sabe* como describir la propiedad resultante de que el proceso de rarefacción no se detenga en los átomos ígneos, a que afirme que los átomos de la luz, en tanto *non quanti*, son inextensos. En mi opinión, la clave del atomismo Galileano también la podemos encontrar en esta cita, pero no en la idea de *inmaterialidad*, sino en el concepto de *resolución*.

5. La idea de *resolutio* como concepto central del atomismo galileano

Vimos que la clave para la solución del problema hidrostático –y fuente de las dificultades posteriores– fue que el agua no ofrece resistencia a la división *porque* está compuesta de *indivisibles*. Por tal motivo, en mi opinión, al menos parte del significado del término "indivisible" está asociado a tal solución y, en este sentido, a que nada hay para *dividir*, motivo por el cual no hay ninguna *resistencia* a vencer.

Esta interpretación ofrece una alternativa para evitar las dificultades –como las que enfrenta Palmerino– de entender un cuerpo natural como *compuesto* de partes *inextensas*. La diferencia consiste en no poner la mira en la naturaleza de los *constituyentes últimos*, considerados *aisladamente*, sino en la *relación* con sus partes vecinas. En este sentido, si entiendo correctamente, el atomismo galileano no sólo es más físico que *matemático*, sino que también es más físico que *metafísico*. Consiguientemente, no se trataría de que los indivisibles no ofrezcan resistencia por ser *inextensos*, meras entidades matemáticas, sino porque *en conjunto* carecen de cohesión y adherencia entre sus partes.

Esta interpretación otorga un papel central a la preocupación de Galileo por encontrar cual es el "aglutinante, cola o viscosidad que une fuertemente las partículas" de los cuerpos y que "no se que no se quema ni consume en un horno al rojo vivo ni en dos, ni en tres, ni en cuatro, ni en diez, ni en cien meses", según las citas precedentes. Tal aglutinante está dado por los microvacíos intersticiales que generan una fuerza que supera en cinco veces la del

por "cantidades mínimas divisibles", así como traducir "risoluzione in atomi realmente indivisibili" como "resolución *en* átomos realmente indivisibles" y no "resolución *de* átomos realmente indivisibles". En el último caso, en mi opinión el texto señala que hay un proceso (la resolución última) que cambia la *naturaleza* de los átomos. Por ello me parece importante que no se pierda de vista que, en el primer caso, se habla de partes *materiales* mínimas y no meramente de *cantidades* mínimas.

vacío considerado *in toto*. Las partículas de fuego, al llenar los intersticios vacíos anulan el *horror vacui* como causa de resistencia a la división, y el cuerpo se disgrega en sus partes, se *resuelve*.

Dicho del modo más breve posible, esta interpretación, ni matemática ni metafísica del atomismo galileano, relaciona la ausencia de resistencia a la división con el hecho de que nada hay que dividir *entre* las partes disgregadas de un sólido, en el cual se ha *anulado* la razón de su cohesión, y por lo cual se ha vuelto *fluido*. Tal interpretación queda al menos en parte respaldada por la excelente analogía que nos proporciona Galileo al respecto:

> La resistencia que se siente al moverse en el agua es similar a la que sentimos al avanzar entre una multitud apretada de gente, donde sentimos impedimento, y no por la dificultad que se encuentra en el dividir, sino dividiendo alguna de las ondas que la componen, con sólo mover lateralmente las personas individualmente y no en conjunto; y así experimentamos resistencia al tratar de introducir un palo en una duna, no porque alguna de sus partes se tenga que dividir, sino solamente moverse y elevarse. Representamos entonces dos maneras de penetrar: una la de los cuerpos cuyas partes son continuas y donde parece necesaria la división: la otra en el agregado de partes no continuas, sino solamente contiguas, y donde no es necesario dividir, sino solamente mover. (Galilei, 1890-1909, vol. IV, pp. 105-106).

Aún sin tratarse de una tesis metafísica, queda el problema de entender cómo puede hablarse de infinitas unidades en una extensión finita. Para responder esta pregunta debe recordarse que, para Galileo, el continuo material está *compuesto* por infinitos puntos materiales *intercalados* con infinitos vacíos. Por otro lado, del mismo modo que debe enmarcarse la doctrina de los infinitos indivisibles en el problema de la resistencia del agua a la división y en la intuición fundamental del oro en el crisol, también es necesario comprender el papel central que juega la estrategia seguida frente a la paradoja de la *rota aristotelis*: el mero agregado de lados a un polígono *jamás* nos permitiría obtener un círculo. El paso de uno a otro implica un salto *cualitativo*, un cambio de naturaleza.

Galileo aclara explícitamente que quien quiera encontrar los infinitos puntos que componen una recta a partir de subdividir sucesivamente sus segmentos "se engañará profundamente, porque para tal progreso no bastaría la eternidad" (Galilei, 1890-1909, vol. VIII, p. 82). Para Galileo el "único número infinito es la unidad" por cumplir con las "condiciones y requisitos necesarios del número infinito, esto es, contener en sí tanto los cuadrados como los cubos, como todos los números". De este modo la *resolución* de un cuerpo físico, al darse simultáneamente en toda su unidad, se da al mismo tiempo en las infinitas partes que lo componen.

La idea de *resolutio* aparece inmediatamente a continuación. Galileo aclara:

> Lo que quiero que notéis, es cómo resolviendo y dividiendo una línea en partes discretas [quanti] y por consecuencia numerables, no es posible disponer en una extensión mayor a la que ocupaban mientras estaban juntas y continuas sin la interposición de otros tantos espacios vacíos; pero imaginándola resuelta en partes no discretas, esto es, en sus infinitos indivisibles, la podemos concebir distendida [distrata] de modo inmenso sin la interposición de espacios vacíos discretos, pero sí con vacíos también infinitos e indivisibles. Y esto, que se dice de la simple línea, se entenderá dicho de la superficie y de los cuerpos sólidos, considerándolos compuestos de infinitos átomos no discretos. (Galilei, 1890-1909, vol. VIII, pp. 71-72)

Sagredo protestará más adelante que esta teoría donde se mezclan consideraciones sobre el vacío, el infinito, los indivisibles y el movimiento instantáneo es "muy desproporcionada para nuestro entendimiento". Es muy posible que tales palabras hayan sido dichas por el propio Sagredo y no un mero recurso dialógico del personaje. Si tal fuera el caso, no me cabrían dudas sobre la sinceridad con que fueron dichas. Quizás por ello, Galileo recurra una vez más a una intuición física y agrega:

> De este modo se puede entender que una pequeña esfera de oro pueda ser extendida en un espacio grandísimo sin admitir espacios vacíos discretos, pero admitiendo que el oro está compuesto de infinitos indivisibles. (Galilei, 1890-1909, vol. VIII, p. 72)

Sea como fuere, la conclusión hará referencia explícita a su viejo problema de la resistencia del agua a la división. Se pregunta: "¿Debemos por tanto creer que los fluidos son tales porque están resueltos en sus infinitos indivisibles primarios?" Y responde: "Yo no se cómo encontrar una mejor salida para resolver algunas apariencias" (Galilei, 1890-1909, vol. VIII, p. 85).

6. Conclusiones

Luego de este recorrido, podemos finalmente volver sobre la formulación de Pyle del comienzo, con el fin del precisar el sentido de sus afirmaciones sobre el atomismo galileano:

1. *La relación entre la cohesión de los fluidos y la teoría galileana de la materia*: Si tenemos en cuenta el final de la cita de Pyle, la cohesión de los fluidos sería una especie de *escollo* que la teoría de la materia de Galileo debería evitar para *aplicarse* al *caso* de los fluidos. Por el contrario, en mi opinión la teoría galileana de la materia *surge* a partir de las reflexiones *sobre* la cohesión de los fluidos, según lo visto. En este caso, no habría *una teoría* con dificultades, sino una teoría que surge como *solución* a ciertas dificultades, dependiendo sus virtudes y limitaciones del grado en que las soluciona. Desde un punto de vista histórico, el problema surge, a su vez, de una contienda concreta que Galileo mantuvo con Ludovico delle Colombe en 1612 sobre la *causa* de flotación y hundimiento de los cuerpos. Desde un punto de vista conceptual, el problema consiste en la integración de la hidrostática arquimedeana con la búsqueda de la causa física en sentido aristotélico, y el intento de superar la propuesta atomista de Demócrito.

2. *Causa y teoría en la cohesión y disolución de los cuerpos sólidos*: La falta de cohesión de los líquidos sería para Pyle una *consecuencia* de una teoría general de la materia. En mi opinión, y por lo aquí expuesto, tanto la teoría de la materia como su *grado de generalidad*, dependen de la comprensión de lo que sucede en los líquidos y, particularmente para Galileo, del problema de la "resistencia a la división".

3. *La concepción de los líquidos:* La referencia de Pyle a los líquidos como "carentes de puntos-vacío" no resulta fácil de entender y requiere clarificación. Los líquidos deben ser entendidos como un sólido *disgregado* o *disuelto* a partir de que dicho sólido ha *perdido* la fuerza de cohesión de sus partes.

4. *El problema de la tensión superficial y la teoría galileana de la materia*: A diferencia de la apreciación de Pyle, en mi opinión Galileo no *niega* el fenómeno de tensión superficial, sino que simplemente lo desconoce. De haberlo conocido, hubiera incluido desde el primer momento el requisito de *inmersión completa* para la realización del experimento crucial frente a Delle Colombe, y no lo hizo. Por otro lado, en cierta medida tal fenómeno le era favorable, en la medida en que hacía referencia a una *causa secundaria* de flotación, fuera de la mera relación de pesos específicos entre el cuerpo y el medio.

5. *La relación entre teoría y evidencia:* La evidencia poderosa, a la que Pyle se refiere de modo genérico como "alguna" fue, según vimos, la *perfecta transparencia del agua*. En la presentación de Pyle parece que Galileo está dispuesto a hacer *cualquier cosa* para salvar su teoría, aún a costa de negar los fenómenos. Esto va a contrapelo de toda la biografía intelectual de Galileo y , por lo expuesto en este trabajo, ni hubiera sido, ni fue *fatal*.

Además, si tal fuera el caso, Galileo no habría desarrollado su teoría de los infinitos indivisibles, sea cual fuere el valor que ésta haya tenido para la historia posterior de la ciencia.

Referencias bibliográficas

Biagioli, M. (1993), *Galileo Courtier: The Practice of Science in the Culture of Absolutism*, Chicago: The University of Chicago Press.

Drake, S. (1957), *Discoveries and Opinions of Galileo*, New York: Doubleday Anchor Books.

Drake, S. (1960), "Galileo Gleanings VIII: The Origins of Galileo's Book on Floating Bodies and the Question of the Unknown Academician", *Isis* 51: 56-63.

Drake, S. (1981), *Cause, Experiment and Science: a Galilean dialogue incorporating a new English translation of Galileo's «Bodies That Stay atop Water, or Move in It»*, Chicago: The University of Chicago Press,
Galilei, G. (1623), *Il Saggiatore*, en Galilei (1890-1909), Vol. 6, pp. 197-372.

Galilei, G. (1638), *Discorsi e dimostrazioni matematiche intorno a due nuove scienze*, en Galilei (1890-1909), Vol. 8, pp. 9-448.

Galilei, G. (1890-1909), *Le Opere di Galileo Galilei* (editadas por A. Favaro), 20 vols., Firenze: Edizione Nazionale.

Galilei, G. (1974), *Two New Sciences: including Centers of Gravity and Force of Percussion* (traducción, con una Nueva Introducción y Notas por Stillman Drake), Toronto: Wall & Thomson.

Palmerino, C.R. (2001), "Galileo's and Gassendi's Solutions to the *rota aristotelis* Paradox: A Bridge between Matter and Motion Theories", en Lüthy C., Murdoch, J.E. & W.R. Newman (eds.), *Late Medieval and Early Modern Corpuscular Matter Theories*, Leiden: Brill.

Pyle, A.J. (1997), *Atomism and its Critics*, Bristol: Thoemmes Press.

Rose, P.L. (1975), *The Italian Renaissance of Mathematics: studies on humanists and mathematicians from Petrarch to Galileo*, Genève: Librairie Droz.

Smith, A.M. (1976), "Galileo's Theory of Indivisibles", *Journal of the History of Ideas* 37: 571-588.

Tula Molina, F. (2002), "Microsociología y cambio teórico: en la corte de Mario Biagioli", *Llull: Revista de la Sociedad Española de Historia de las Ciencias y de las Técnicas* 25: 485-501.

T-invariancia, irreversibilidad, flecha del tiempo: similares pero diferentes

Olimpia Lombardi[*]

1. Introducción

El problema de la dirección del tiempo es, sin duda, uno de los problemas tradicionales de la filosofía de la física, tal vez aquél donde los conceptos físicos se encuentran más estrechamente vinculados con cuestiones metafísicas. Percibimos el antes y el después de un modo inmediato e intuitivo: la diferencia entre el pasado y el futuro ocupa un lugar central en nuestras vidas en la medida en que organiza toda otra percepción. El problema surge cuando intentamos hallar un correlato físico de esta evidencia intuitiva.

Mucho se ha escrito acerca del problema de la dirección del tiempo; sin embargo, en los debates tradicionales suelen asimilarse o confundirse diferentes conceptos que, si bien relacionados entre sí, poseen su propia especificidad. En muchas ocasiones es precisamente esta falta de nitidez conceptual lo que obscurece las argumentaciones e impide alcanzar una solución al problema. En particular, los conceptos que con mayor frecuencia aparecen en las discusiones acerca de la dirección del tiempo son los de t-invariancia, irreversibilidad y flecha del tiempo. En el presente trabajo se intentará distinguir con precisión los tres conceptos, poniendo de manifiesto que no sólo refieren a propiedades distintas, sino que se aplican a tipos de entidades categorialmente diferentes. Esta clarificación conceptual permitirá poner de manifiesto que, bajo el rótulo 'el problema de la dirección del tiempo', sue-

[*] Universidad de Buenos Aires (UBA)/Consejo Nacional de Investigaciones Científicas y Técnicas (CONICET), Argentina.

len subsumirse problemas distintos, cada uno de los cuales exige una formulación precisa si se pretende hallar respuestas formal y filosóficamente satisfactorias.

2. T-invariancia

La t-invariancia es una propiedad de las leyes dinámicas: suele afirmarse que una ley es t-invariante si es invariante bajo la transformación $t \rightarrow -t$, esto es, si la ley no se modifica al cambiar el signo de la variable tiempo. Esta caracterización es la que adopta Mario Bunge cuando brinda la siguiente definición:

> Llámese L(t) un enunciado de ley que contiene la coordenada temporal t. Si L(–t) = L(t), se dice que la ley es T-invariante, o invariante bajo la inversión del tiempo. (Bunge, 1977, p. 319)

De este modo, el concepto de t-invariancia parece ser el menos controvertido: la t-invariancia se presenta como una propiedad puramente sintáctica de una ley dinámica, que sólo depende de su estructura formal. Puesto que las leyes son entidades lingüísticas que están allí, a nuestra disposición para ser analizadas, podríamos determinar si una ley es o no t-invariante por mera inspección de sus características formales.

El inconveniente de esta posición consiste en ignorar que la t-invariancia requiere no sólo la inversión del signo de la variable t, sino también de todas las variables dinámicas involucradas en la ley considerada. Por lo tanto, el concepto de t-invariancia alude a una propiedad aplicable a una ley dinámica *L en el contexto de una teoría* T: diremos que una ley dinámica L es *t-invariante en el contexto de una teoría* T cuando permanece inalterada al cambiar el signo de la variable tiempo y de todas las variables dinámicas pertenecientes a T. En este sentido, la Segunda Ley de Newton expresada como $F(x) = m \, d^2x/dt^2$ – donde x representa la distancia a un cierto origen, m, la masa y $F(x)$, la fuerza en la dirección x – es t-invariante en el contexto de la mecánica clásica; dado que se trata de una ecuación diferencial de segundo orden, es necesario cambiar el signo de la velocidad inicial v_0 que aparece como constante de integración. Por el contrario, la Ley de Fourier de conducción del calor, $\partial T/\partial t = K/C\rho_m \, \partial^2 T/\partial x^2$ –donde x representa la distancia a un cierto origen, K, la conductividad térmica, C, el calor específico, ρ_m, la densidad de masa y T, la temperatura– no resulta t-invariante en el contexto de la termodinámica fenomenológica.

Si bien aún parece tratarse de un concepto fuertemente formal, la t-invariancia posee un claro significado físico. Considérese un sistema S que se encuentra en un cierto instante inicial en el estado e_0, y que al evolucionar adquiere un estado e_1 luego de un intervalo Δt. Supóngase ahora otro sistema S', idéntico a S, que en instante inicial se encuentra en el estado temporalmente invertido respecto de e_1; llámese a este nuevo estado $\mathbf{T}(e_1)$. Si la ley que rige la evolución es t-invariante, luego del intervalo Δt el sistema S' se encontrará en el estado $\mathbf{T}(e_0)$, esto es, la versión temporalmente invertida del estado inicial de S. Expresando la ley de evolución mediante un operador U_t tal que $e_1 = U_{\Delta t}\, e_0$, la ley es t-invariante si se cumple que:

$$\mathbf{T}(e_0) = U_{\Delta t}\, \mathbf{T}(U_{\Delta t}\, e_0)$$

El concepto de t-invariancia también puede caracterizarse en términos de las evoluciones dinámicamente posibles respecto de una ley dinámica, esto es, soluciones de la ecuación correspondiente. Una evolución – secuencia de estados– $e_i \rightarrow e_j$ es *dinámicamente posible* respecto de la ley L si es consistente con L, es decir, si queda representada por una solución de L. Nuevamente, llamemos $\mathbf{T}(e)$ al estado temporalmente invertido respecto de e. La ley L es *t-invariante* cuando se cumple lo siguiente: la evolución $e_i \rightarrow e_j$ es dinámicamente posible respecto de L sii la evolución temporalmente invertida $\mathbf{T}(e_j) \rightarrow \mathbf{T}(e_i)$ es también dinámicamente posible respecto de L (ver Savitt, 1995).[1]

Pero, ¿qué estados son los $\mathbf{T}(e)$? La transformación de inversión temporal $\mathbf{T}$ depende de cuáles sean las variables dinámicas que definen el estado e, y ello, por supuesto, depende de la teoría particular a la cual pertenece la ley considerada. Por ejemplo, en mecánica clásica, si S es un sistema de partículas puntuales, su estado en el instante t queda completamente definido por las posiciones y los momentos cinéticos de las partículas en t; a su vez, dadas masas constantes, los momentos cinéticos son función únicamente de las velocidades de las partículas. En este caso, el estado temporalmente invertido respecto del estado e se obtiene cuando las partículas se encuentran en la misma disposición espacial que en e, pero donde cada una posee una velocidad del mismo módulo y dirección pero de sentido inverso respecto de la que posee en e.

3. Irreversibilidad

A diferencia de la t-invariancia, el concepto de *reversibilidad* no se aplica a leyes sino a procesos. Un proceso P compuesto por la sucesión temporal de eventos $a_1, a_2, \ldots, a_n$, es *reversible* si tal sucesión puede presentarse en ese or-

---

[1] Savitt (1995) también presenta una noción más fuerte de t-invariancia que no consideraremos aquí pues sólo es relevante en el contexto de fundamentación de la mecánica cuántica.

den o en el orden inverso; es *irreversible* si tal sucesión siempre se presenta en ese orden temporal, y nunca ocurre espontáneamente en el sentido inverso $a_n,\ldots, a_2, a_1$.[2] Cuando los conceptos de reversibilidad e irreversibilidad se expresan de este modo, los eventos a_i suelen ser aspectos parciales de los estados de un sistema. Por ejemplo, en mecánica, si los eventos considerados son las sucesivas posiciones de una partícula, la evolución temporal de la posición de la partícula es un proceso reversible; en termodinámica, dado un gas confinado en la mitad izquierda de un recipiente a partir del instante en que se retira el tabique divisor, si los eventos considerados son las sucesivas densidades del gas en la mitad izquierda del recipiente, la evolución temporal de dicha densidad es un proceso irreversible. Es importante insistir que los conceptos de reversibilidad e irreversibilidad no se refieren a los estados de un sistema, sino a la evolución temporal de alguna magnitud que puede ser una de las variables que define el estado del sistema. Esto es particularmente claro en mecánica: si la sucesión de posiciones de una partícula en el tiempo es $x_1, x_2,\ldots, x_n$, tal sucesión puede presentarse en sentido temporal inverso, $x_n,\ldots, x_2, x_1$; en este caso es necesario invertir temporalmente los estados mecánicos de la partícula, de modo tal que la secuencia temporalmente invertida no se compone de los estados originales sino de los estados temporalmente invertidos respecto de ellos:

$$\mathbf{T}(e_n),\ldots, \mathbf{T}(e_2), \mathbf{T}(e_1)$$

No obstante, el proceso del cual debería predicarse estrictamente la reversibilidad es la evolución temporal de la posición de la partícula, y no la evolución temporal de sus estados mecánicos.

Así expresado, el concepto de irreversibilidad implica que ciertos procesos, en particular los que resultan de la inversión temporal de procesos irreversibles, quedan excluidos de la realidad física. El origen de tal exclusión permite distinguir entre dos tipos de irreversibilidad. Se trata de una irreversibilidad *nomológica* cuando ciertos procesos quedan excluidos por una ley o combinación de leyes físicas. Por ejemplo, la Ley de Fourier excluye los procesos de conducción espontánea de calor de menores a mayores temperaturas; el Segundo Principio de la Termodinámica excluye los procesos que involucran la disminución de la entropía en un sistema aislado. En cambio,

[2] El concepto de irreversibilidad suele presentarse mediante el recurso de pensar la filmación de un proceso: si al pasar la película hacia atrás se obtiene un proceso posible, entonces el proceso original es reversible. Sin embargo, esta presentación puede llevar a confusiones: si 'posible' se interpreta como compatible con las mismas leyes que rigen el proceso original, la caracterización refiere a la t-invariancia y no a la reversibilidad.

la irreversibilidad es *de facto* en el caso en que algunos procesos quedan excluidos, no como resultado de una ley, sino debido a que ciertas condiciones no se dan de hecho en la naturaleza. Cuando las leyes dinámicas se expresan como ecuaciones diferenciales ordinarias, en su integración aparecen constantes que representan el valor de las variables en el instante inicial y que deben determinarse empíricamente –por ejemplo, posición y velocidad en t_0–; tales valores son las *condiciones iniciales*. En el caso en que se trata de ecuaciones diferenciales en derivadas parciales, el procedimiento anterior no es suficiente: es necesario determinar empíricamente las constantes que representan el valor de las variables para una cierta región del espacio –por ejemplo, el valor de la temperatura en los extremos de un cuerpo–; tales valores son las *condiciones de contorno*. Por lo tanto, la irreversibilidad *de facto* se da cuando algunos procesos quedan excluidos debido a que ciertas condiciones iniciales o condiciones de contorno nunca se efectivizan. Por ejemplo, las ecuaciones que describen la propagación de ondas –mecánicas o de radiación– admiten dos tipos de soluciones, correspondientes a potenciales retardados y avanzados respectivamente: las primeras describen ondas coherentes propagándose desde un centro, las segundas describen ondas coherentes propagándose hacia un punto central; la no ocurrencia del segundo tipo de procesos se debe al hecho de que las condiciones de contorno requeridas para su efectivización no se dan en la realidad física.[3]

4. Relación entre t–invariancia y reversibilidad

Las caracterizaciones de t-invariancia y de reversibilidad presentadas en las secciones anteriores permiten establecer la relación entre ambos conceptos:

- Los procesos nomológicamente irreversibles quedan descriptos por leyes no t-invariantes; los procesos excluidos son, precisamente, los correspondientes a la ecuación dinámica que resulta de cambiar el signo de la variable tiempo y de todas las variables dinámicas en la ley original.
- Los procesos irreversibles de facto quedan descriptos por leyes t-invariantes; quedan excluidos aquellos procesos descriptos por las soluciones correspondientes a condiciones iniciales o condiciones de contorno que, de hecho, nunca o casi nunca se efectivizan.

---

[3] Uno de los primeros autores que considera el caso de la propagación de ondas en la discusión acerca del problema de la irreversibilidad es Karl Popper, en una serie de artículos aparecidos en *Nature* entre 1956 y 1967 (1956a, 1956b, 1957, 1958, 1965, 1967a, 1967b).

Por lo tanto, si una ley es no t-invariante en el contexto de una teoría, describe un proceso nomológicamente irreversible. Si una ley es t-invariante en el contexto de una teoría, o bien describe un proceso reversible, o bien describe un proceso irreversible *de facto* en el caso de que la no ocurrencia de ciertas condiciones iniciales o de contorno excluya el proceso inverso.

En este contexto es importante volver a recordar la relevancia de identificar la teoría en el contexto de la cual se determina si una ley es o no t-invariante. Pasar por alto este punto puede conducir a conclusiones como las de Henry Hollinger y Michael Zenzen (1982), quienes niegan contenido al concepto mismo de irreversibilidad nomológica considerándolo internamente inconsistente. Para determinar si una ley es o no t-invariante, estos autores exigen el análisis *completo* de cada símbolo de la ecuación correspondiente. Aplicando este criterio a la Ley de Fick de difusión de materia, $\partial c / \partial t = D \, \partial^2 c / \partial x^2$ –donde x representa la distancia a un cierto origen, D, el coeficiente de conducción y c, la concentración–, comprueban que D cambia de signo ante la inversión de t cuando tal coeficiente se deriva *a partir de consideraciones mecánico-estadísticas*. Tomando este ejemplo como caso paradigmático concluyen que, dado que todas las leyes fundamentales son t-invariantes, la distinción entre irreversibilidad nomológica e irreversibilidad *de facto* colapsa: en consecuencia, debe considerarse que legalidad implica reversibilidad nomológica. Sin embargo, en el argumento de Hollinger y Zenzen la derivación del coeficiente de difusión D ya no corresponde a la teoría original, sino que acude a consideraciones dinámicas y estadísticas totalmente ajenas a la termodinámica fenomenológica en la cual se describe el proceso irreversible de difusión. Por lo tanto, la estrategia de los autores implica suponer resuelto el problema de la reducción de la termodinámica fenomenológica a la mecánica estadística; pero éste es, precisamente, uno de los núcleos centrales del viejo problema de la irreversibilidad. En otras palabras, estipular que las únicas leyes legítimas de la física son las leyes fundamentales t-invariantes sigue sin explicarnos por qué la concentración c tiende a uniformarse con el tiempo y nunca observamos la evolución contraria. Por esta razón, resulta conceptualmente más fructífero considerar, por ejemplo, la Ley de Fourier o la Ley de Fick como legítimas leyes de la física: estas leyes resultan no t-invariantes en el contexto de la termodinámica fenomenológica, y dicha no t-invariancia expresa un aspecto relevante de nuestra experiencia física macroscópica.

5. El problema de la irreversibilidad: Boltzmann versus Gibbs

A fin de formular con precisión el problema de la irreversibilidad, resulta conveniente adoptar el lenguaje geométrico del espacio de las fases: espacio euclídeo de d dimensiones, cada una de las cuales representa una variable de estado del sistema. En los casos estudiados en mecánica estadística, S es un sistema de N partículas puntuales: el espacio de las fases correspondiente es un espacio de $6N$ dimensiones, tres por las componentes de la posición y tres por las componentes del momento cinético de cada una de las partículas.

Aquí es importante recordar la diferencia ente el microestado mecánico y el macroestado termodinámico del sistema S:

• El *microestado mecánico* de S en el instante t viene dado por el valor de las *3N* componentes de posición y las *3N* componentes del momento cinético de cada partícula; por lo tanto, queda representado por un *punto* en el espacio de las fases correspondiente. A su vez, la evolución mecánica de S se representa por una trayectoria en el espacio de las fases.[4]

• Pero el *macroestado termodinámico* de S es compatible con —esto es, puede realizarse a través de— una enorme variedad de microestados mecánicos que se consideran equiprobables dado el macroestado; por lo tanto, el macroestado termodinámico queda representado por una *región* de dimensión menor o igual a *6N* en el espacio de las fases.

Sobre la base de esta presentación, el problema de la irreversibilidad consiste en explicar la evolución termodinámica de los macroestados de un sistema en términos de la evolución mecánica de sus microestados. Los inconvenientes comienzan a aparecer cuando se comprueba la diferencia entre ambos tipos de evoluciones:

• Desde el punto de vista termodinámico, las evoluciones son *irreversibles*: si el sistema parte de un macroestado M_0 de no-equilibrio —por ejemplo, un gas confinado en la mitad izquierda de un recipiente al momento de quitar el tabique divisor entre las dos mitades— evolucionará hacia el macroestado M_{eq} de equilibrio —en el mismo ejemplo, el gas distribuido en todo el recipiente—; la evolución inversa sólo es posible con una pequeñísima, ínfima probabilidad. En el espacio de las fases esto significa que la evolución conduce desde una región Γ_0 a una región Γ_{eq} de mayor volumen que la original, correspondiente a la región de energía constante, por tratarse de un sistema aislado.

---

[4] El estado mecánico instantáneo $m(t)$ del sistema queda definido por el valor de las *6N* variables de estado: $m(t) = (q_i(t), p_i(t)) = (q_1(t), q_2(t),…, q_{3N}(t), p_1(t), p_2(t),…, p_{3N}(t))$. Su evolución temporal se encuentra regida por las *ecuaciones de Hamilton*: $dq_i / dt = \partial H / \partial p_i$; $dp_i / dt = -\partial H / \partial q_i$ donde el hamiltoniano $H(q_i, p_i)$ representa la energía mecánica total del sistema. Las soluciones $q_i(t)$ y $p_i(t)$ representan la evolución temporal del sistema, dadas las condiciones iniciales q_{i0} y p_{i0}.

- En el ámbito mecánico rige el *Teorema de Liouville*, según el cual cualquier región del espacio de las fases evoluciona, de acuerdo con las leyes de la mecánica clásica, manteniendo su volumen constante a través del tiempo. Denominando ρ a la densidad de distribución de los puntos representativos de los posibles microestados de un sistema, el teorema demuestra que, si en el instante inicial el soporte[5] de ρ_0 se encuentra confinado en una cierta región Γ_0 del espacio de las fases, en cualquier tiempo t posterior el soporte de ρ_t se encontrará en una región Γ_t de igual volumen que la original: tal evolución es totalmente *reversible*, en concordancia con las leyes de la mecánica clásica.

Si bien respecto del problema de la irreversibilidad conviven múltiples interpretaciones, la mayor parte de ellas puede asociarse a alguna de las dos líneas teóricas inauguradas por Boltzmann y por Gibbs. La formulación del problema en los términos en que ha sido presentado permitirá comprender en qué sentido difieren ambas perspectivas.

5.1 El enfoque de Boltzmann

La perspectiva de Boltzmann consiste en calcular el número de microestados diferentes compatibles con un mismo macroestado. El macroestado más probable será, entonces, aquél al cual corresponda el máximo número de microestados, y hacia él tenderá, con alta probabilidad, la macroevolución del sistema. De aquí surge la idea de Boltzmann de identificar la entropía de cada macroestado con una medida del número de sus microestados compatibles; en el lenguaje del espacio de las fases, la entropía de Boltzmann correspondiente al macroestado M_α se define como:

$$S_B(M_\alpha) = k \, log \, /\Gamma_\alpha /$$

donde k es la constante de Boltzmann y $/\Gamma_\alpha/$ expresa el volumen de la región del espacio de las fases asociada a M_α. Dado que la región correspondiente al equilibrio es aquélla a la que corresponde un volumen máximo —esto es, la que posee mayor número de microestados compatibles—, en cualquier evolución que parte de un macroestado M_0 y se dirige al equilibrio M_{eq}, la entropía, con alta probabilidad, tiende a aumentar, en concordancia con el Segundo Principio de la Termodinámica.

Pero, ¿cómo explicar que nunca se observe la evolución inversa? La respuesta se basa en la relación entre probabilidad y volumen en el espacio de las fases. El hecho de que las macroevoluciones se dirijan al equilibrio con

---

[5] Se entiende por *soporte* de una función al subconjunto de su dominio para el cual la función toma valores positivos.

una altísima probabilidad –que justifique la no observación de evoluciones anti-termodinámicas– sólo puede explicarse si la probabilidad del macroestado de equilibrio M_{eq} es enormemente superior a la probabilidad de cualquier macroestado inicial de no-equilibrio M_0. Esto supone una enorme disparidad entre los volúmenes de las regiones asociadas: $/\Gamma_{eq}/ >> /\Gamma_0/$. Pero tal desigualdad sólo se cumple en sistemas con un *altísimo número de grados de libertad*. Este es el caso de los gases: para un mol de gas en un recipiente de un litro, la relación entre $/\Gamma_{eq}/$ y $/\Gamma_0/$ es del orden de 2^N, donde N, número de partículas, es del orden de 10^{20}. El orden de magnitud de las probabilidades involucradas en este tipo de sistemas permite explicar la irreversibilidad macroscópica observada en los procesos termodinámicos.

Otro ingrediente esencial de la perspectiva de Boltzmann es la necesidad de algún supuesto adicional acerca de las condiciones iniciales del sistema. El hecho es que, aún al macroestado de equilibrio M_{eq} corresponden algunos microestados cuya posterior evolución temporal conduciría al sistema al macroestado de no-equilibrio inicial M_0, en contradicción con el Segundo Principio. Desde su enfoque probabilístico, la respuesta de Boltzmann se basa en señalar la bajísima probabilidad de ocurrencia de tales microestados en la efectivización del macroestado de equilibrio; en el lenguaje del espacio de las fases, los microestados que conducen a evoluciones anti-termodinámicas resultan 'atípicos', en la medida en que el volumen que ocupan es inferior en muchísimos órdenes de magnitud al volumen de la región correspondiente al macroestado de equilibrio.

5.2 El enfoque de Gibbs

La estrategia de Gibbs consiste en abandonar el intento de describir la evolución de un sistema particular; en su lugar, concentra la atención en el comportamiento del *ensemble* representativo del sistema, esto es, un conjunto de sistemas de estructura similar al sistema de interés, seleccionados de modo tal que cada uno de ellos se encuentra en un microestado diferente pero siempre compatible con el macroestado en el que se encuentra el sistema bajo estudio. Es importante recordar que los sistemas que componen un *ensemble* no deben ser considerados como interactuando entre sí, sino cada uno de ellos desarrollando su propia evolución de acuerdo con las leyes de la mecánica clásica. Por lo tanto, el ensemble queda representado mediante la función ρ, *densidad de distribución* de los puntos representativos de los sistemas del ensemble en el espacio de las fases.

Si el macroestado inicial del sistema determina una densidad ρ_0 cuyo soporte se encuentra confinado en una cierta región Γ_0, ésta podrá deformarse y extenderse hasta zonas distantes en el espacio de las fases; pero, de acuerdo con el Teorema de Liouville, su volumen permanecerá siempre constante y, en consecuencia, no podrá cubrir el volumen correspondiente al macroestado de equilibrio. En efecto, la entropía de Gibbs se define como:

$$S_G(\rho) = -k \int_\Gamma \rho \, log\rho \, d\Gamma$$

donde $\rho \, d\Gamma$ representa la probabilidad de que el punto representativo del microestado del sistema se encuentre en el volumen elemental $d\Gamma$, y la integral es sobre todo el espacio de las fases Γ. Dada la conservación del volumen impuesta por el Teorema de Liouville, S_G se mantiene constante a través de toda la evolución.

En el enfoque de Gibbs, lo que en realidad sucede es que la región inicial se ha distribuido y ramificado hasta el punto de cubrir de un modo *aparentemente* uniforme la región correspondiente al macroestado de equilibrio.[6] A fin de dar cuenta de la creciente deformación de la región original, puede definirse una entropía de grano grueso (*coarse grain*) S_{cg}: divídase el espacio de las fases en celdas y asígnese una probabilidad P_i a cada una de ellas – probabilidad de que el punto representativo del microestado del sistema se encuentre en la celda *i*–; S_{cg} se define como:

$$S_{cg} = -k \, \Sigma \, P_i \, log \, P_i$$

y puede esperarse que aumente a través de la evolución a medida que la región original va ingresando en mayor cantidad de celdas. No obstante, si un observador 'perfecto' describiera la evolución del sistema inicialmente fuera del equilibrio a través del comportamiento de su *ensemble* representativo, observaría la creciente distorsión y ramificación en el espacio de las fases de la región correspondiente al macroestado inicial, pero podría comprobar la validez del Teorema de Liouville: nunca se alcanza una distribución uniforme sobre la región asociada al macroestado de equilibrio, pues el volumen de la región inicial permanece invariante durante toda la evolución. En consecuencia, desde la perspectiva de Gibbs, el aumento de la entropía que

---

[6] Para ilustrar esta situación, el propio Gibbs sugirió una analogía conocida como 'la gota de Gibbs': si mezclamos una gota de tinta negra en agua pura, el agua rápidamente se vuelve gris; sin embargo, un observador con los sentidos suficientemente desarrollados como para percibir las moléculas individuales, nunca vería el color gris, pues podría seguir las trayectorias cada vez más deslocalizadas de las partículas de tinta inicialmente concentradas en una pequeña región del sistema. La idea de que el medio heterogéneo se ha convertido irreversiblemente en homogéneo sería, entonces, una ilusión debida a la limitada precisión de nuestros medios de observación.

enuncia el Segundo Principio para un sistema aislado se refiere a la entropía de grano grueso S_{cg}, lo cual implica una interpretación gnoseológica de la irreversibilidad.

Es importante señalar que, a diferencia de la perspectiva de Boltzmann, este enfoque *no requiere un elevado número de grados de libertad* en el sistema. En principio, el comportamiento irreversible podría manifestarse en sistemas mecánicos simples, definidos por pocas variables de estado. Otro aspecto importante de esta interpretación consiste en que, para producirse el aumento de la entropía de grano grueso S_{cg}, *es necesario que se trate de un sistema mezclador*, esto es, que la región inicial *se deforme* a través de la evolución; a su vez, ello implica que el sistema sea ergódico, es decir, que el punto representativo de su microestado recorra a través del tiempo prácticamente toda la región del espacio de las fases correspondiente al macroestado de equilibrio (ver Lebowitz & Penrose, 1973).

5.3 Boltzmann versus Gibbs

Los defensores actuales de la línea boltzmanniana atacan la perspectiva de Gibbs desde distintos frentes. Por ejemplo, Joel Lebowitz (1993) desacredita la entropía de Gibbs como magnitud física relevante, en la medida en que permanece constante durante la evolución del sistema; a su vez, señala la necesidad de que el sistema posea un elevado número de grados de libertad para manifestar un comportamiento irreversible (Lebowitz, 1994). Desde una perspectiva similar, Jean Bricmont insiste en la imposibilidad de brindar sentido físico a la distinción micro/macro en sistemas de pocos grados de libertad (Bricmont, 1995); así como carece de sentido físico hablar de la temperatura de una única partícula, tampoco parece posible definir variables macroscópicas análogas en la evolución de sistemas de pocos grados de libertad.

Respecto del grado de inestabilidad requerido, Bricmont afirma que la ergodicidad no es condición necesaria ni suficiente para la irreversibilidad. La ergodicidad no es condición suficiente puesto que hay sistemas ergódicos de pocos grados de libertad, donde no tiene sentido hablar de comportamiento irreversible. A su vez, la ergodicidad no es condición necesaria en la medida en que puede comprobarse la existencia de evoluciones que, sin ser ergódicas, manifiestan un carácter inequívocamente irreversible (Bricmont, 1995); como ejemplo de ello, Bricmont menciona un modelo matemático como el modelo Kac que, sin ser ergódico, en escalas temporales adecuadas, manifiesta la evolución hacia el equilibrio de sus variables macroscópicas. Otros autores también adoptan la misma línea argumentativa: en explícita polémica con Lawrence Sklar (1993), quien afirma que la propiedad de mezcla es indispensable para que un sistema manifieste un comportamiento irreversible, John Earman y Miklos Rédei (1996) sostienen que los sistemas irreversibles típicos estudiados en mecánica estadística no son siquiera ergódicos.

A estas críticas podría agregarse una objeción ya señalada por los Ehrenfest (1912) en una famosa revisión crítica publicada en la *Encyclopedia of Mathematical Sciences* acerca del estado de la teoría cinética y de la mecánica estadística del momento: la interpretación gibbsiana del Segundo Principio no logra romper la simetría temporal entre pasado y futuro. En efecto, el aumento de entropía resulta de la progresiva deformación y ramificación de la región asociada al macroestado inicial a medida que transcurre el tiempo. El problema es que a tal aumento de entropía 'hacia el futuro' corresponde un aumento de entropía análogo 'hacia el pasado': si se describe la evolución dinámica del sistema hacia el pasado, partiendo de una situación de no-equilibrio, la región inicial sufrirá la misma progresiva deformación y ramificación. En otras palabras, si bien el sistema aumenta su entropía en su evolución futura, también proviene de macroestados pasados de mayor entropía que el macroestado de no-equilibrio presente.

Estos inconvenientes han conducido a muchos autores a descartar por completo la perspectiva de Gibbs. Sin embargo, el enfoque boltzmanniano se enfrenta a dificultades que, si bien generalmente ignoradas, no son menos graves; el principal desafío es el que le plantea el Teorema de Liouville. Si los puntos representativos de microestados confinados en una cierta región inicial del espacio de las fases evolucionan manteniendo constante el volumen de tal región, ¿cómo explicar, desde el punto de vista mecánico, el aumento de volumen de las regiones asociadas a los macroestados a través de la evolución termodinámica del sistema?

Es curioso que Lebowitz y Bricmont, defensores del enfoque de Boltzmann, encuentren precisamente en el Teorema de Liouville la respuesta a la paradoja de Loschmidt, según la cual por cada evolución mecánicamente posible que conduce al equilibrio, existe otra, igualmente posible –que resulta de invertir las velocidades de todas las partículas del sistema– que 'remonta' la evolución original alejando al sistema del equilibrio y, por tanto, disminuyendo su entropía. Veamos el razonamiento de ambos autores. Sean:

- M0 el macroestado inicial de no-equilibrio, esto es, el conjunto inicial de microestados.
- Δt el tiempo que requiere el sistema para alcanzar, aproximadamente, el estado de equilibrio.
- UΔt un operador que expresa la evolución mecánica de los microestados.

- Meq el macroestado final de equilibrio, esto es, el conjunto final de microestados.

El conjunto M_0 evoluciona mecánicamente hacia un conjunto $M_t = U_{\Delta t} M_0$, manteniendo su volumen constante $(/M_t/ = /M_0/)$. La paradoja de Loschmidt sostiene que los estados temporalmente invertidos de M_t, $\mathbf{T}(M_t)$, deben evolucionar según $U_{\Delta t}$ hacia los estados temporalmente invertidos de M_0, $\mathbf{T}(M_0)$:

$$\mathbf{T}(M_0) = U_{\Delta t}\, \mathbf{T}(M_t) = U_{\Delta t}\, \mathbf{T}(U_{\Delta t}\, M_0)$$

Tanto Lebowitz como Bricmont admiten que, por el Teorema de Liouville, tal igualdad se cumple. Pero agregan que los microestados pertenecientes a M_t y, por tanto, a $\mathbf{T}(M_t)$, forman un pequeñísimo subconjunto de M_{eq}; por lo tanto, el conjunto de los microestados que resultan de la inversión de velocidades –y que conducirían a una evolución anti-entrópica– es menos probable, en muchos órdenes de magnitud, que el conjunto de los microestados que conservan el equilibrio. El punto central del argumento es que $M_t = U_{\Delta t}\, M_0$ es un pequeñísimo subconjunto de M_{eq} puesto que, en el ejemplo del gas confinado en la mitad izquierda del recipiente, "muchas configuraciones de M_{eq} no se encontraban en la mitad izquierda de la caja en el tiempo cero" (Bricmont, 1995, p. 173).

Frente a tal afirmación, se impone la pregunta: ¿de dónde provienen los microestados de M_{eq} que no resultan de la evolución mecánica de los microestados pertenecientes a M_0 en el instante inicial? Dada la validez del teorema de Liouville, el enfoque boltzmanniano no suministra una explicación genuinamente dinámica de la irreversibilidad.

En definitiva, ninguno de las dos perspectivas brinda una solución adecuada al problema de la irreversibilidad. Si bien la interpretación de Gibbs propone un enfoque exclusivamente dinámico del fenómeno de la irreversibilidad, no logra explicar los estados pasados de menor entropía que el estado presente, y no recoge la necesidad teórica de que los sistemas posean un elevado número de grados de libertad. Por su parte, la perspectiva de Boltzmann adopta un enfoque puramente probabilístico del fenómeno de la irreversibilidad, pero no consigue dar cuenta de las evoluciones mecánicas que dan origen a las probabilidades asociadas a los macroestados del sistema.

6. El problema de la flecha del tiempo

Es importante notar que, hasta aquí, no se ha hablado de la flecha del tiempo o de la asimetría temporal, problema éste que suele asimilarse al problema de la irreversibilidad. Quienes adoptan tal postura identifican el sentido temporal privilegiado, pasado-a-futuro, con el sentido en el que se desarrollan los procesos irreversibles, de modo tal que la irreversibilidad brinda el fundamento, *define* la asimetría temporal. En otras palabras, desde esta perspectiva se intenta reducir la relación temporal 'e_2 *es posterior a* e_1' en términos de otra relación asimétrica no temporal entre eventos, sea de carácter nomológico o *de facto*. Sin embargo, como señala adecuadamente Sklar (1974), hay muy buenas razones para rechazar este enfoque reduccionista acerca de la flecha del tiempo. En primer lugar, comprendemos el significado de 'posterior' y podemos establecer relaciones temporales entre eventos con total independencia del conocimiento teórico científico. Pero, sobre todo, sin este conocimiento independiente del orden temporal, la irreversibilidad que afirman las leyes irreversibles pierde su contenido empírico para convertirse en una verdad *analítica*; esta sobreabundancia de analiticidad torna "imposible en principio que el cambio científico alguna vez nos conduzca a concluir que, de hecho, estábamos equivocados al asumir una asociación legal entre las dos relaciones" (Sklar, 1974, p. 403).

El problema de la flecha del tiempo tiene su origen en nuestra percepción de una asimetría entre pasado y futuro: si dos eventos no son simultáneos, uno de ellos es anterior al otro. Nuestro acceso al pasado y al futuro es claramente diferente: recordamos el pasado y predecimos el futuro. El problema de la flecha del tiempo surge cuando buscamos un correlato físico de esta asimetría intuitiva: ¿la física distingue un sentido temporal privilegiado?

La mayor dificultad para responder a esta pregunta reside en nuestra perspectiva antropocéntrica: la diferencia entre pasado y futuro se encuentra tan profundamente enraizada en nuestros pensamientos y nuestro lenguaje que resulta muy difícil desembarazarse de ella. En efecto, las discusiones filosóficas acerca de esta cuestión suelen subsumirse bajo el rótulo 'el problema de la dirección del tiempo', como si pudiéramos encontrar un criterio exclusivamente físico para identificar *la* dirección del tiempo, correspondiente a lo que llamamos 'futuro'. Pero nada hay en la física que distinga, de un modo no arbitrario, entre pasado y futuro tal como los concebimos. Podría objetarse que la física implícitamente adopta esta distinción con el uso de expresiones temporales asimétricas, como 'cono de luz futuro', 'condiciones iniciales', 'tiempo creciente', etc.; sin embargo, no es así, y la razón puede comprenderse de un modo conceptualmente sencillo.

Dos entidades son formalmente idénticas cuando existe una transformación de simetría entre ellas que no modifica las propiedades del sistema al cual pertenecen. En física es muy común trabajar con entidades formalmente idénticas: los dos semiconos de un cono de luz, los dos sentidos del spin, etc. Cuando nombramos dos entidades formalmente idénticas con nombres diferentes, estamos estableciendo una diferencia *convencional* entre ellas: éste es el caso, por ejemplo, cuando llamamos los dos semiconos de un cono de luz 'semicono pasado' y 'semicono futuro', o los dos sentidos de spin 'arriba' y 'abajo'. Por el contrario, la diferencia entre dos entidades es *substancial* cuando no son formalmente idénticas: les asignamos nombres diferentes precisamente en virtud de la diferencia entre ambas (ver Penrose, 1979; Sachs, 1987). Cuando las expresiones temporalmente asimétricas aparecen en el discurso de la física, son utilizadas de un modo completamente convencional: si intercambiamos cada una de ellas por su correlato simétrico, el discurso resultante será indistinguible del original, al menos en la medida en que no introduzcamos la 'direccionalidad' del tiempo desde el exterior de la teoría, es decir, desde nuestro lenguaje natural.

Una vez que este punto ha sido aceptado, el problema ya no puede formularse en términos de distinguir el sentido futuro del tiempo: el problema de la flecha del tiempo se convierte en el problema de hallar una asimetría temporal fundada únicamente en argumentos físicos. Pero si ésta es la cuestión central, para resolverla no podemos proyectar nuestras intuiciones acerca del pasado y del futuro. Si bien estas consideraciones parecen simples, en general se las suele ignorar en las discusiones filosóficas. Esto es particularmente evidente en la ya mencionada actitud reduccionista acerca de la flecha del tiempo, cuyo propósito consiste en identificar o reducir la relación de prioridad temporal a alguna característica nomológica o de facto del mundo físico: se supone que existe una relación no-temporal asimétrica R entre eventos tal que $R(e_1, e_2)$ se cumple sii $E(e_1, e_2)$ se cumple, donde E es la relación temporal 'es anterior a'. Para algunos reduccionistas, la conexión entre R y E es una asociación legal; para otros, la conexión entre R y E tiene una naturaleza definicional. No obstante, ambos enfoques se basan en suponer nuestras intuiciones previas acerca del significado de 'anterior'. El enfoque reduccionista ha sido ampliamente criticado en la bibliografía sobre el tema (ver Sklar, 1974; Earman, 1974), y esto no sorprende: los intentos reduccionistas por resolver el problema de la flecha del tiempo están condenados al fracaso en la medida en que se encuentran desencaminados en cuanto al núcleo mismo del problema: cómo hallar una asimetría temporal sólo basada en argumentos físicos.

Si pretendemos abordar el problema de la flecha del tiempo desde una perspectiva purgada de nuestras intuiciones temporales, debemos evitar toda conclusión que se derive de presuponer nociones temporalmente asimétricas. Como afirma Huw Price (1996), es necesario ubicarse en un punto exte-

rior al tiempo, y desde allí considerar la realidad en términos atemporales.[7]
Este punto de vista atemporal nos impide utilizar las expresiones temporalmente asimétricas de nuestro lenguaje natural de un modo no-convencional.
Pero entonces, ¿cómo concebir la flecha del tiempo cuando aceptamos estas
limitaciones? Por supuesto, la tradicional expresión acuñada por Eddington
sólo tiene un sentido metafórico: su significado debe entenderse por analogía. Reconocemos la diferencia entre la punta y la cola de una flecha sobre la
base de sus propiedades geométricas; por lo tanto, podemos distinguir entre
los dos sentidos, cola-a-punta y punta-a-cola, independientemente de nuestra perspectiva particular. Análogamente, concebiremos el problema de la
flecha del tiempo en términos de *la posibilidad de distinguir entre los dos sentidos
del tiempo exclusivamente sobre la base de argumentos físicos, con independencia de nuestra particular perspectiva temporal.*

7. Flecha del tiempo y termodinámica

Cuando, a fines del siglo XIX, Boltzmann desarrollo la versión proba-
bilística de su teoría en respuesta a las objeciones de Loschmidt y Zermelo
(para detalles históricos, ver Brush, 1976), debió enfrentar un nuevo desafío:
cómo explicar el altamente improbable estado actual de nuestro universo. A
fin de responder a esta pregunta, Boltzmann formuló el primer enfoque
cosmológico del problema. A partir de este trabajo original, las discusiones
tradicionales acerca de la flecha del tiempo tendieron a asimilar la dirección
pasado-a-futuro con el aumento de entropía, presuponiendo que el único
modo de distinguir entre los dos sentidos temporales es mediante el Segundo Principio de la Termodinámica. En este sentido, Earman (1974, p. 15)
señala "lo que ha sido tomado como un dogma incuestionable: las consideraciones acerca de la entropía son absolutamente cruciales en relación con
cualquier aspecto del problema".

Uno de los trabajos filosóficamente más influyentes acerca de la flecha
del tiempo ha sido *The Direction of Time* de Hans Reichenbach. En esta clásica
obra, Reichenbach define el futuro como el sentido del aumento de la entropía de la mayor parte de los '*branch systems*', esto es, sistemas que se encuentran aislados del sistema principal durante cierto período. No obstante,
Reichenbach conocía perfectamente las objeciones de Loschmidt y Zermelo: si es altamente probable que un sistema en un estado de entropía inferior

---

[7] Aceptar la propuesta de Price en cuanto a la necesidad de adoptar un punto de
vista atemporal no implica un acuerdo total con las tesis del autor. Como se verá
más adelante, aquí se rechaza el enfoque entrópico adoptado por Price para definir
la flecha del tiempo en favor de un enfoque geométrico.

al máximo evolucione hacia un estado de mayor entropía hacia el futuro, es también altamente probable que provenga de un estado de mayor entropía en el pasado; a su vez, si un sistema aislado vuelve a aproximarse a su estado inicial tanto como se quiera, la entropía no puede ser una función monótonamente creciente con el tiempo. Por estas razones, Reichenbach admitió que su definición no implicaba la existencia de una dirección del tiempo global para todo el universo:

> […] no podemos hablar de una dirección del tiempo como un todo […] si existe una única dirección del tiempo o si la dirección del tiempo va alternando, depende de la forma de la curva de entropía del universo. (Reichenbach, 1956, pp. 127-128)[8]

Paul Davies también apela a la noción de *branch system*, pero desde su propia interpretación de las tesis de Reichenbach. En lugar de concebir, como Reichenbach, los *branch systems* como sistemas independientes cuyo paralelismo respecto del aumento de entropía debe ser probado, Davies considera que los *branch systems* emergen como el resultado de una cadena o jerarquía de ramificaciones que se expanden hacia regiones cada vez más amplias del universo. Por lo tanto,

> […] el origen de la flecha del tiempo siempre se remonta a las condiciones iniciales cosmológicas. Existe una flecha del tiempo sólo debido a que el universo se originó en un estado de entropía inferior a la máxima. (Davies, 1994, p. 127)[9]

Reichenbach y Davies son sólo dos de los muchos autores, provenientes de la filosofía y de la física, que abordan el problema de la flecha de tiempo en términos de entropía (ver también Feynman *et. al*, 1964; Layzer, 1975). Este enfoque entrópico del problema se basa en dos supuestos: que es posible definir la entropía de una sección instantánea del universo y que existe un único tiempo para el universo como un todo. Sin embargo, ambos supuestos involucran dificultades. En primer lugar, transferir confiadamente el concepto de entropía desde el ámbito de la termodinámica al de la cosmología es una movida problemática. La definición de entropía en cosmología es todavía un tema muy controvertido, incluso más que en termodinámica:

---

[8] Sobre la base de un detallado análisis, Sklar (1993) concluye que los argumentos de Reichenbach meramente imponen el paralelismo entre los *branch systems* en lugar de dar cuenta de él.

[9] En su obra *The Physics of Time Asymmetry*, Davies (1974) también apela a la noción de *branch system*, pero desde una perspectiva más cercana a la posición original de Reichenbach.

no existe consenso acerca de cómo definir una entropía global para el universo. En efecto, usualmente se trabaja sólo con la entropía asociada con la materia y la radiación porque no hay aún una idea clara acerca del modo de definir la entropía debida al campo gravitacional. Pero incluso si se deja de lado este problema, hay diferentes definiciones de la entropía cuando se la considera una magnitud correspondiente a un estado fuera del equilibrio (ver Mackey, 1989). En segundo lugar, cuando entra en juego la relatividad general, el tiempo se convierte en una dimensión de una estructura cuatridimensional: ya no es aceptable concebir el tiempo como un parámetro que, como en la física pre-relativista, marca la evolución del sistema. Por lo tanto, el problema de la flecha del tiempo ya no puede formularse, desde el comienzo, en términos del gradiente de entropía entre los dos extremos de un tiempo abierto y lineal.

No obstante, estas dificultades no constituyen aún la razón principal para negar el papel central de la entropía en el problema de la flecha del tiempo: hay un argumento conceptual para abandonar el enfoque tradicional. La entropía, tal como es definida en termodinámica, es una propiedad fenomenológica: un dado valor de entropía es compatible con muchas configuraciones diferentes del sistema. La pregunta es si existe una propiedad más fundamental que permita distinguir entre los dos sentidos temporales. La respuesta es afirmativa: el problema de la flecha del tiempo puede ser abordado en términos de las propiedades geométricas del espacio-tiempo, con independencia de todo argumento termodinámico. Es en este sentido que Earman defiende la 'Herejía de la Dirección del Tiempo', según la cual la flecha del tiempo, si existe, es una característica intrínseca del espacio-tiempo "que no requiere ni puede ser reducida a características no-temporales" (Earman, 1974, p. 20).

En otras palabras, el enfoque geométrico tiene prioridad conceptual frente al enfoque entrópico puesto que las propiedades geométricas del espacio-tiempo son más básicas que sus propiedades termodinámicas: la definición de la entropía y el cálculo de la curva de entropía del universo sólo son posibles si el espacio-tiempo posee ciertas propiedades geométricas definidas. Por lo tanto, insistir en consideraciones entrópicas para distinguir los dos sentidos temporales sólo puede responder a una actitud reduccionista y su intento de reducir las relaciones temporales a relaciones no-temporales entre eventos.

8. Condiciones topológicas para definir la flecha del tiempo

Consideremos un objeto como, por ejemplo, la pirámide de Keops. Llamemos al eje vertical 'eje z'. Si dividimos la pirámide mediante un plano paralelo a su base y que intersecte el punto medio de su altura, no podemos negar que el objeto es espacialmente asimétrico respecto de dicho plano. Por supuesto, esta asimetría no distingue entre los dos sentidos espaciales a lo largo del eje z puesto que la pirámide puede cambiar su orientación en el espacio y, además, existen muchos otros objetos en el universo, en particular otras pirámides que no apuntan en el mismo sentido. Pero, ¿qué sucedería si el universo completo se redujera a la pirámide de Keops? En ese caso, el propio espacio se encontraría confinado en el universo-pirámide. Sería posible, entonces, distinguir entre los dos sentidos a lo largo del eje z: el sentido base-a-vértice y el sentido vértice-a-base. Podíamos incluso fijar la coordenada z de un punto midiendo su distancia, por ejemplo, a la base. En otras palabras, el universo-pirámide es un objeto, y la estructura geométrica de tal objeto como un todo establece la diferencia entre los dos sentidos de una de las dimensiones del espacio.

El universo es un objeto espacio-temporal cuatridimensional y, en tanto tal, puede ser simétrico o asimétrico a lo largo de la dimensión temporal: si fuera asimétrico, tal asimetría temporal permitiría distinguir entre los dos sentidos temporales. ¿Qué significa que el universo es un objeto temporalmente asimétrico? Pues que la distribución de materia-energía en el espacio-tiempo no se encuentra simétricamente distribuida a lo largo de la dimensión temporal. Pero es bien sabido que, según las ecuaciones de campo de Einstein, existe una estrecha conexión entre la distribución de materia-energía y las propiedades geométricas del espacio-tiempo. Por lo tanto, la asimetría temporal del universo equivale a la asimetría de las propiedades geométricas del espacio-tiempo a lo largo de la dimensión temporal.

Por supuesto, las cosas nunca son tan simples. Hay muchos espacio-tiempos diferentes, con topologías extraordinariamente variadas, que son consistentes con las ecuaciones de campo de la relatividad general, y muchos de ellos poseen características que no permiten definir los dos sentidos del tiempo de un modo global, e incluso que no permiten hablar de un tiempo único para el universo como un todo. A continuación consideraremos las condiciones topológicas que debe cumplir un espacio-tiempo para que sea posible definir en él una flecha del tiempo.

8.1 Orientabilidad temporal

En un espacio-tiempo de Minkowski, existen dos conjuntos de eventos relevantes en relación con a cada evento: el conjunto de los eventos incluidos en el semicono de luz futuro en el evento especificado y aquéllos incluidos en el semicono de luz pasado —donde los rótulos 'futuro' y 'pasado' son convencionales. En relatividad general, la métrica puede siempre reducirse a la forma de Minkowski en pequeñas regiones del espacio-tiempo; sin embargo, a gran escala no puede esperarse que el espacio-tiempo sea plano puesto que la gravedad ya no puede despreciarse. Muchas topologías diferentes son consistentes con las ecuaciones de campo; en particular, es posible que el espacio-tiempo se curve a lo largo de la dimensión espacial de modo tal que sus secciones espaciales se conviertan en el análogo tridimensional de una cinta de Moebius; en términos técnicos, se dice que el espacio-tiempo es temporalmente no-orientable. Un espacio-tiempo es *temporalmente orientable* si puede definirse sobre él un campo vectorial tipo-tiempo (*timelike*) respecto de su métrica. Esta definición implica que, en un espacio-tiempo temporalmente no-orientable, es posible convertir un vector tipo-tiempo que apunta hacia el futuro en un vector tipo-tiempo que apunta hacia el pasado a través de una transformación continua (por ejemplo, alrededor de una 'cinta de Moebius'); por lo tanto, la distinción entre semiconos pasados y futuros no puede establecerse a nivel global.

Earman (1974) es uno de los primeros autores que enfatiza la relevancia de la orientabilidad temporal para el problema de la flecha del tiempo: una orientación temporal sólo puede definirse de un modo consistente si el espacio-tiempo es temporalmente orientable. Esto justifica adoptar el *Principio de precedencia* según el cual: "el transporte continuo tiene precedencia sobre cualquier método (basado en la entropía o algo semejante) para fijar la dirección del tiempo" (Earman, 1974, p. 22).

Esto significa que, si los sentidos del tiempo fijados por un cierto método en dos regiones del espacio-tiempo no coinciden cuando son comparados por el transporte continuo de un vector tipo-tiempo desde una región a la otra, entonces si uno de los sentidos es correcto, el otro no lo es: el método suministra un resultado erróneo en algunas regiones del espacio-tiempo. En este sentido Earman rechaza la postura de Reichenbach, quien acepta la posibilidad de que la flecha del tiempo apunte en sentidos distintos en diferentes regiones espacio-temporales.

Si bien el argumento de Earman resulta plausible, no todos comparten su posición. Por ejemplo, Geoffrey Matthews (1979) sostiene que la importancia de la estructura global del espacio-tiempo para el problema de la flecha del tiempo ha sido sobreestimada. Matthews rechaza el Principio de Precedencia de Earman según el cual, si existe una flecha del tiempo, ésta debe ser global: para Matthews, el espacio-tiempo puede ser temporalmente no-orientable si posee flechas del tiempo regionales pero no una flecha del tiempo global. Sin embargo, esta posición conduce a una nueva dificultad. Supóngase que el sentido del tiempo definido por una ley L en dos regiones del espacio-tiempo difiere cuando es comparado por medio del transporte continuo: la trayectoria del transporte pasará por un punto fronterizo entre las dos regiones donde la ley sufrirá una discontinuidad, contradiciendo un principio metodológico básico de la cosmología según el cual las leyes naturales son válidas en todo punto del espacio-tiempo.[10] Por lo tanto, no es posible rechazar la orientabilidad temporal del espacio-tiempo como condición para definir la flecha del tiempo sin ignorar ciertos principios básicos de la cosmología.

8.2 Tiempo cósmico

Como es bien sabido, la relatividad general reemplaza la antigua concepción de 'espacio a través del tiempo' por el concepto de espacio-tiempo, donde el tiempo se convierte en una dimensión de una estructura cuatridimensional. Sin embargo, cuando se considera el tiempo medido por un reloj físico, cada partícula del universo tiene su *tiempo propio*, es decir, el tiempo medido por un reloj solidario a ella. Puesto que el espacio-tiempo curvo de la relatividad general se considera localmente plano, es posible sincronizar los relojes de partículas cuyas trayectorias paralelas se encuentren confinadas en una pequeña región del espacio-tiempo. Pero, en general, tal sincronización es imposible para todas las partículas del universo: sólo en ciertos casos todos los relojes pueden ser coordinados mediante un tiempo cósmico, que posee las características necesarias para cumplir el papel de parámetro en la evolución del universo.

Este problema puede también formularse en términos geométricos. Un espacio-tiempo puede poseer características tales que no es posible particionar el conjunto de todos los eventos en clases de equivalencia tales que: (i) cada una de las clases sea una hipersuperficie espacial, y (ii) las hipersuperficies puedan ser ordenadas temporalmente. Esto sucede cuando existen curvas temporales cerradas o, incluso sin ellas, cuando es imposible definir una función que asigne a cada evento un número, que representa el tiempo del evento, tal que el número asignado a e_1 sea inferior al asignado a e_2 toda vez que exista una señal causal propagable de e_1 a e_2. En tales casos, el espacio tiempo no puede ser globalmente particionado en hipersuperficies espaciales, cada una de las cuales contiene todos los eventos simultáneos entre sí.

Es posible definir una jerarquía de condiciones que, aplicadas a un espacio-tiempo temporalmente orientable, evitan las situaciones 'anómalas' antes

---

[10] Si bien aquí se adopta la posición de Earman en cuanto a la necesidad de que el espacio-tiempo sea temporalmente orientable, no se aborda el problema de la flecha del tiempo en términos de fijar una *orientación temporal* sobre el espacio-tiempo orientable, pues ello sugiere que existe un sentido privilegiado del tiempo. En efecto, según la propia definición de Earman (1974, p. 18) la elección de una *orientación* equivale a la elección del conjunto de vectores tipo-tiempo que apuntan hacia el futuro; pero, ¿qué significa 'futuro' en un sentido no-convencional?

descriptas. En particular, un espacio-tiempo (M, g), donde M es una variedad cuatridimensional diferenciable y g es su métrica, posee una *función tiempo global* si existe una función t: $M \rightarrow \Re$ cuyo gradiente es tipo-tiempo para todo punto de M (ver Hawking & Ellis, 1973). Esto significa que existe una función cuyo valor aumenta en el mismo sentido a lo largo de cualquier curva temporal; la existencia de tal función garantiza que el espacio-tiempo es particionable en hipersuperficies de simultaneidad $(t = const.)$ que definen una foliación (ver Schutz, 1980).

Algunos autores consideran que la condición para obtener la flecha de tiempo es la posibilidad de definir sobre el espacio-tiempo un tiempo global (ver Earman, 1974). Sin embargo, esta posición ignora que la existencia de un tiempo global no permite aún definir la noción de simultaneidad de un modo unívoco y con sentido físico. Para que esto ocurra es necesario elegir una única foliación entre todas las posibles, en particular aquélla según la cual todas las líneas de mundo sean ortogonales a todas las hipersuperficies espaciales definidas por la foliación; además, el tiempo entre dos hipersuperficies de simultaneidad debe ser el mismo al ser medido sobre cualquier línea de mundo e igual al tiempo propio de cualquiera de las partículas consideradas (ver Castagnino, Lombardi & Lara, 2003). Sólo cuando estas condiciones se cumplen puede definirse un *tiempo cósmico* que garantiza la posibilidad de coordinar todos los procesos del universo mediante un tiempo único.

Sin duda, la existencia de un tiempo cósmico impone condiciones geométricas significativas sobre el espacio-tiempo. En un caso completamente general no es posible definir un tiempo cósmico en términos del cual se concibe la historia del universo como la secuencia temporal de sus estados instantáneos y, por tanto, carece de sentido buscar los dos sentidos del tiempo para el universo como un todo. Este hecho suministra un fuerte argumento contra el enfoque entrópico de la flecha del tiempo. Al definir el sentido temporal pasado-a-futuro en términos del gradiente de la función entropía del universo, este enfoque presupone que es posible definir tal función, pero ello equivale a dar por sentado que: (i) el espacio-tiempo es foliable en hipersuperficies espaciales sobre las cuales la entropía puede ser definida, y (ii) el espacio-tiempo posee un tiempo cósmico sobre el cual puede calcularse el gradiente de entropía. Cuando se admite la posibilidad de espacio-tiempos sin tiempo cósmico, resulta difícil negar la prioridad conceptual de las consideraciones acerca de la estructura geométrica del espacio-tiempo sobre las consideraciones entrópicas en el contexto del problema de la flecha del tiempo.

9. T-asimetría

Tradicionalmente se supone que contaríamos con un método directo para definir la flecha del tiempo si la física incluyera alguna ley no t-invariante; el problema parece surgir debido a que las leyes fundamentales de la física son invariantes ante la inversión temporal.[11] Sin embargo, este tradicional supuesto merece un análisis más detenido.

En la Sección 2 fue señalado que una ley es t-invariante cuando, dadas las evoluciones dinámicamente posibles respecto de ella, las evoluciones temporalmente invertidas también son dinámicamente posibles. Esta caracterización muestra claramente que la definición de t-invariancia nada afirma de las propiedades que deben cumplir las evoluciones posibles. En efecto, una ley t-invariante puede ser tal que todas o la mayor parte de las evoluciones posibles respecto de ella sean *t-asimétricas*. Price (1996) se refiere a este hecho como un '*loophole*' que permite a una teoría t-invariante tener consecuencias asimétricas. Como afirma Steven Savitt (1996), este punto puede formularse de un modo más claro en términos de los modelos de una teoría: una teoría T es t-invariante si la inversión temporal $\mathbf{T}(m)$ de cualquier modelo m de T dinámicamente posible es también un modelo de T; el '*loophole*' consiste en el hecho de que una teoría t-invariante puede tener modelos temporalmente asimétricos.

Por supuesto, este '*loophole*' no sería útil si nuestro objeto de estudio fuera un conjunto de sistemas: incluso si todas las evoluciones dinámicamente posibles respecto de una ley L fueran asimétricas, por cada sistema que evoluciona según $e_i \rightarrow e_j$ podía existir otro sistema que evolucionara según $\mathbf{T}(e_j)$ $\rightarrow \mathbf{T}(e_i)$ restaurando así la simetría total. Pero cuando el sistema es el universo completo, tal situación ya no es posible: el universo es una entidad única, y no existe otro sistema que pueda restaurar la simetría al acoplarse con él. Por lo tanto, la t-invariancia de las leyes que gobiernan el universo a gran escala no es un obstáculo para describir un universo temporalmente asimétrico.

Sin duda, estas consideraciones no son aplicables a las ecuaciones de campo de la relatividad general en su forma original; sin embargo, bajo la existencia de un tiempo cósmico tales ecuaciones resultan ser t-invariantes. Pero, como ya fue señalado, la t-invariancia de las ecuaciones de campo no constituye un obstáculo para describir un universo t-asimétrico: cada solución t-asimétrica de las ecuaciones representa un universo cuyo espacio-

---

[11] La única excepción parece ser la ley que rige ciertos procesos elementales que involucran el mesón K; sin embargo, en general se acepta que el efecto de tales procesos no puede ser relevante para la asimetría temporal macroscópica.

tiempo es asimétrico en sus propiedades geométricas a lo largo de la dimensión temporal. Esta idea puede también formularse en términos del concepto de isotropía temporal: un espacio-tiempo (M, g) temporalmente orientable es *t-isótropo* si existe un difeomorfismo d de la variedad M sobre sí misma que invierte las orientaciones temporales preservando la métrica g. Sin embargo, cuando se pretende expresar la simetría de un espacio-tiempo que posee un tiempo cósmico, es necesario reforzar la condición: un espacio-tiempo que admite un tiempo cósmico t es *t-simétrico* respecto de cierta hipersuperficie espacial $t = \alpha$, donde α es una constante, si es t-isótropo y el difeomorfismo d deja fija la hipersuperficie $t = \alpha$. Intuitivamente esto significa que, desde la hipersuperficie $t = \alpha$, el espacio-tiempo 'se ve igual' en ambos sentidos temporales. Por lo tanto, si un espacio-tiempo temporalmente orientable que posee un tiempo global es t-asimétrico, pueden distinguirse los dos sentidos del tiempo global sobre la base de dicha asimetría geométrica.[12]

No obstante, sabemos que, siendo t el tiempo cósmico, si m es un modelo de las ecuaciones de campo de Einstein, el modelo temporalmente invertido $\mathbf{T}(m)$ también lo es. En otras palabras, siempre obtendremos dos soluciones, una imagen especular de la otra respecto del tiempo t, ambas posibles respecto de las leyes de la relatividad general. En este punto, el fantasma de la simetría parece volver a acechar: ahora deberíamos brindar un criterio no-convencional para seleccionar una de las dos soluciones (modelos) nomológicamente admisibles. Sin embargo, el desafío se supera cuando se explicitan los supuestos implícitos en el problema.

Cuando aceptamos la necesidad de elegir entre dos soluciones (modelos) nomológicamente admisibles, asumimos implícitamente que cada una de ellas describe un universo posible diferente: hay dos objetos posibles y debemos decidir cuál de ellos corresponde a nuestro universo actual. Pero, ¿por qué decimos que los dos universos posibles son diferentes? La respuesta inmediata sería: son diferentes porque su disposición respecto del tiempo es opuesta. Esta respuesta sería aceptable si estuviéramos tratando de describir un sistema inmerso en un entorno que permitiera distinguir entre ambas soluciones y decidir cuál de ellas describe adecuadamente el sistema bajo estudio. Pero cuando el sistema es el universo completo, no hay entorno. La pregunta es entonces: ¿qué significa que dos universos posibles sean temporalmente opuestos?

---

[12] Estos conceptos pueden aplicarse a los modelos estándar de la cosmología contemporánea; es posible demostrar que, en la clase de tales modelos, los modelos t-simétricos poseen una probabilidad nula (ver Castagnino, Lara & Lombardi, 2003).

La idea misma de dos universos temporalmente opuestos presupone que existe un único tiempo, común a ambos universos posibles, respecto del cual podemos decir que uno de los universos es opuesto al otro. Pero suponer que puede hablarse con algún sentido de un tiempo común a ambos universos es completamente contrario a la interpretación estándar de la relatividad general. De acuerdo con esta interpretación, el espacio-tiempo –y, *a fortiori*, el tiempo– coexiste con el universo: cada universo posee su propio espacio-tiempo, y no existe un punto de vista *temporal*, externo a ambos universos posibles, desde el cual puedan ser comparados. En efecto, dos modelos de universo definidos por (M, g) y (M', g') se consideran equivalentes si son *isométricos*, es decir si existe un difeomorfismo $\theta: M \to M'$ que convierte la métrica g en la métrica g' (Hawking & Ellis, 1973); las transformaciones de simetría –en particular, la inversión temporal– son isometrías. Esto significa que los modelos m y $\mathbf{T}(m)$, relacionados por la transformación de inversión temporal, son descripciones equivalentes del mismo universo posible. Por lo tanto, el nuevo fantasma de la simetría desaparece: ya no es necesario brindar un criterio no-convencional para elegir uno entre dos modelos nomológicamente posibles puesto que ambos son descripciones distintas pero equivalentes de uno y el mismo universo.

Es interesante señalar que la tesis de la equivalencia entre m y $\mathbf{T}(m)$ no depende de la t-invariancia de las leyes con las cuales fueron construidos los modelos. Supongamos que una teoría T consiste en una ley L no t-invariante, según la cual cierta magnitud α *aumenta* monótonamente con el tiempo; esto significa que hay un modelo m tal que $\mathbf{T}(m)$ no es modelo de T. Ahora podemos construir una teoría $T^* = \mathbf{T}(T)$ que consiste en una ley no t-invariante $L^* = \mathbf{T}(L)$ la cual establece que la magnitud α *disminuye* monótonamente con el tiempo; por supuesto, si m es modelo de T, $\mathbf{T}(m)$ será modelo de T^*. La pregunta es: ¿cómo decidir entre T y $\mathbf{T}(T)$ cuál es la teoría 'verdadera'? Consideramos, por ejemplo, que T es verdadera y $\mathbf{T}(T)$ es falsa porque sabemos, mediante nuestra observación de los procesos en el mundo, que α aumenta hacia el *futuro*. Pero esta conclusión está basada en nuestra percepción del sentido 'privilegiado' del tiempo, percepción independiente de toda consideración teórica: sólo nuestra intuición previa acerca de la asimetría entre pasado y futuro nos permite decidir entre T y $\mathbf{T}(T)$. Pero cuando el problema central es el de la flecha del tiempo, ya no podemos apelar a nuestra percepción del sentido privilegiado del tiempo: como afirma Price (1996), desde un punto de vista atemporal no estamos autorizados a decir que α aumenta o disminuye con el tiempo; lo único que podemos afirmar es que existe un gradiente de α entre los dos extremos del universo, y tal gradiente puede explicarse adecuadamente tanto con T como con $\mathbf{T}(T)$.

Por lo tanto, cuando no presuponemos independientemente el sentido 'correcto' del tiempo, no hay diferencia entre las situaciones físicas descriptas por T y $\mathbf{T}(T)$ y, en consecuencia, m y $\mathbf{T}(m)$ son descripciones equivalentes de un mismo universo posible también en el caso de leyes no t-invariantes. En resumen, la aceptación de la tesis de equivalencia no depende de la t-invariancia de las leyes físicas, sino del hecho de que estamos describiendo el universo como un todo sin apelar al sentido privilegiado del tiempo que nos indica nuestra percepción preteórica.

10. T-invariancia y flecha del tiempo

Los argumentos desarrollados en la sección anterior nos servirán para distinguir entre dos cuestiones frecuentemente identificadas en las discusiones tradicionales; en particular, permiten poner de manifiesto que, al abordar el problema de la flecha del tiempo, debemos enfrentar dos problemas diferentes. El *'problema de la simetría'* consiste en obtener un modelo t-asimétrico de universo donde los dos sentidos del tiempo puedan ser diferenciados. Todos coinciden en que no hay inconvenientes para construir modelos t-asimétricos mediante leyes no t-invariantes; el problema parece presentarse cuando intentamos explicar cómo es posible obtener un modelo t-asimétrico mediante leyes t-invariantes. Sin embargo, como señalamos, éste es un pseudoproblema que resulta de confundir una ecuación con sus soluciones: la t-invariancia es una propiedad de las ecuaciones –leyes–, la t-simetría es una propiedad de las soluciones –modelos–, y nada impide obtener una solución t-asimétrica a partir de una ecuación t-invariante. Por otra parte, el *'problema de la elección'* consiste en proporcionar un criterio no-convencional para elegir entre dos soluciones, una la imagen especular de la otra respecto del tiempo. Como señalamos, el problema desaparece cuando reconocemos no estar comprometidos a suministrar tal criterio en la medida en que ambas soluciones son descripciones equivalentes de un mismo universo posible.

A su vez, estas consideraciones ponen de manifiesto que la t-invariancia de las leyes físicas no es tan relevante para el problema de la flecha del tiempo como tradicionalmente se ha supuesto. Respecto del 'problema de la simetría', la t-invariancia no impide construir modelos t-asimétricos. Por otra parte, el 'problema de la elección' surge con independencia de que las leyes que describen los dos modelos temporalmente opuestos sean o no t-invariantes. En efecto, incluso una ley no t-invariante producirá dos modelos, uno imagen especular del otro respecto del tiempo: la necesidad de elegir entre ambos modelos no depende de las características de la teoría mediante la cual tales modelos fueron construidos. En otras palabras, el 'problema de la elección' resulta de la peculiar característica de un par de modelos de una teoría, y no de la propiedad de t-invariancia de la teoría misma. En definitiva, el problema de la flecha del tiempo exige que centremos nuestra atención en las propiedades de los *modelos* de una teoría física: las propiedades de la teoría misma —en particular, su t-invariancia o no t-invariancia— poseen una relevancia para el problema mucho menor de lo que sugieren las discusiones tradicionales.

11. Consideraciones finales

En el presente trabajo se ha intentado esclarecer los conceptos que con mayor frecuencia aparecen en las discusiones subsumidas bajo el rótulo 'el problema de la dirección del tiempo'. En particular, se han distinguido los conceptos de t-invariancia —propiedad de leyes—, reversibilidad —propiedad de procesos— y t-simetría —propiedad de modelos. Tal distinción ha permitido señalar la diferencia entre el problema de la irreversibilidad y el problema de la flecha del tiempo. En modo alguno se pretende haber brindado una solución a estos problemas: el objetivo ha sido suministrar los elementos conceptuales necesarios para abordarlos con claridad, desde una perspectiva que evite las discusiones derivadas de confundir o asimilar nociones similares pero diferentes.

Referencias bibliográficas

Bricmont, J. (1995), "Science of Chaos or Chaos in Science?", *Physicalia Magazine* 17: 159-208.

Brush, S. (1976), *The Kind of Motion We Call Heat*, Amsterdam: North Holland.

Bunge, M. (1977), *Treatise on Basic Philosophy, Vol. 3: Ontology I*, Dordrecht: Reidel.

Castagnino, M., Lombardi, O. & L. Lara (2003), "The Global Arrow of Time as a Geometrical property of the Universe", *Foundations of Physics* 33: 877-912.

Castagnino, M., Lara, L. & O. Lombardi (2003), "The Cosmological Origin of Time Asymmetry", *Classical and Quantum Gravity* 20: 369-391.

Davies, P.C.W. (1974), *The Physics of Time Asymmetry*, Berkeley: University of California Press.

Davies, P.C.W. (1994), "Stirring Up Trouble", en Halliwell, J.J., Pérez-Mercader, J. & W.H. Zurek (eds.), *Physical Origins of Time Asymmetry*, Cambridge: Cambridge University Press, pp. 119-130.

Earman, J. (1974), "An Attempt to Add a Little Direction to «The Problem of the Direction of Time»", *Philosophy of Science* 41: 15-47.

Earman, J. & M. Rédei (1996), "Why Ergodic Theory Does Not Explain the Success of Equilibrium Statistical Mechanics", *The British Journal for the Philosophy of Science* 47: 63-78.

Ehrenfest, P. & T. Ehrenfest (1912), *The Conceptual Foundations of the Statistical Approach in Mechanics*, Ithaca: Cornell University Press.

Feynman, R.P., Leighton, R.B. & M. Sands (1964), *The Feynman Lectures on Physics*, New York: Addison-Wesley.

Hawking, S.W. & G.F.R. Ellis (1973), *The Large Scale Structure of Space-Time*, Cambridge: Cambridge University Press.

Hollinger, H.B. & M.J. Zenzen (1982), "An Interpretation of Macroscopic Irreversibility within the Newtonian Framework", *Philosophy of Science* 49: 309-354.

Layzer, D. (1975), "The Arrow of Time", *Scientific American* 234: 56-69.

Lebowitz, J.L. (1993), "Boltzmann's Entropy and Time's Arrow", *Physics Today* (September): 32-38.

Lebowitz, J.L. (1994), "Lebowitz Replies", *Physics Today* (November): 115-116.

Lebowitz, J.L. & Penrose, O. (1973), "Modern Ergodic Theory", *Physics Today* 26, pp.23-29.

Mackey, M.C. (1989), "The Dynamic Origin of Increasing Entropy", *Reviews of Modern Physics* 61: 981-1015.

Matthews, G. (1979), "Time's Arrow and the Structure of Spacetime", *Philosophy of Science* 46: 82-97.

Popper, K. (1956a), *Nature* 177: 538; (1956b), *Nature* 178: 382; (1957), *Nature* 179: 1297; (1958), *Nature* 181: 402; (1965), *Nature* 207: 233; (1967a), *Nature* 213: 320; (1967b), *Nature* 214: 322.

Penrose, R. (1979), "Singularities and Time Asymmetry", en Hawking, S. & W. Israel (eds.), *General Relativity, an Einstein Centenary Survey*, Cambridge: Cambridge University Press.

Price, H. (1996), *Time's Arrow and Archimedes' Point: New Directions for the Physics of Time*, Oxford: Oxford University Press.

Reichenbach, H. (1956), *The Direction of Time*, Berkeley: University of California Press.

Sachs, R.G. (1987), *The Physics of Time Reversal*, Chicago: University of Chicago Press.

Savitt, S.F. (1995), "Introduction", en Savitt, S.F. (ed.), *Time's Arrows Today*, Cambridge: Cambridge University Press, pp. 1-20.

Savitt, S.F. (1996), "The Direction of Time", *British Journal for the Philosophy of Science* 47: 347-370.

Schutz, B. F. (1980), *Geometrical Methods of Mathematical Physics*, Cambridge: Cambridge University Press.

Sklar, L. (1974), *Space, Time and Spacetime*, Berkeley: University of California Press.
Sklar, L. (1993), *Physics and Chance*, Cambridge: Cambridge University Press.

Princípios em cosmologia

Antonio Augusto Passos Videira[*]

> "Como se a ciência exata da natureza
> não chegasse a um ponto em que seu encontro
> com a metafísica torna-se inevitável!"
> (Thomas Mann, *Experiências Ocultas*, in *Mário e o Mágico*)

Durante muito tempo, pensou-se que a cosmologia nunca poderia ser uma ciência como, entre outras, a física, a astronomia, ou a biologia. Basta que nos lembremos das proibições que Auguste Comte formulava, na primeira metade do século XIX, contra toda e qualquer tentativa de investigação sobre questões e problemas cosmológicos e astrofísicos, os quais nunca poderiam ser resolvidos, uma vez que não era possível dispor de dados observacionais (*i.e.* empíricos) para verificar as respostas sugeridas.[1] Ainda que Comte dirigisse suas críticas principalmente à questão relativa à composição físico-química dos astros celestes, sua opinião certamente englobava a cosmologia, já que esta última preocupava-se em conhecer a origem e a estrutura do todo. Positivista estrito e convencido de que a cosmologia mantinha relações perigosas com os pensamentos religioso e metafísico, violentamente rejeitadas por ele – ao menos na primeira fase de sua carreira filosófica –, Comte concluía que a cosmologia e

---

[*] Departamento de Filosofia, Instituto de Filosofia e Ciências Humanas, Universidade do Estado do Rio de Janeiro (UERJ), Brasil.
[1] Para mais detalhes históricos consultar Merleau-Ponty (1965 e 1983).

a astrofísica não passavam de quimeras pueris. Contudo, ele não foi feliz em suas proibições, ainda que não tenha tido tempo de vê-las cair definitivamente por terra. Dois anos após sua morte ocorrida em 1857, dois cientistas alemães – Robert Bunsen e Gustav R. Kirchhoff – descobriam o método da análise espectral, o que tornou possível "decodificar" as informações sobre a composição físico-química das estrelas "escondidas" nos raios luminosos que elas emitiam, dando início, assim, ao estudo científico da composição química e da estrutura física dos cometas, estrelas e galáxias.[2]

Sessenta anos depois da morte de Comte, Albert Einstein publicava em 1917 um artigo com o qual dava início à pesquisa científica em cosmologia. Ainda que a contribuição de Einstein tenha sido fundamental, a astronomia já vinha se preocupando desde o final do século XIX com a questão de saber se a nossa galáxia, a Via Láctea, seria a única a existir em todo o universo (Hetherington, 1993). Já havia no ar uma preocupação com a cosmologia. Se a primeira derrota do positivismo, aquela decorrente dos trabalhos pioneiros de Bunsen, Kirchhoff, Huggins, Sechhi, Jansen, entre muitos outros, aconteceu por meio da instauração da possibilidade do uso de dados empíricos, a segunda, certamente a mais grave, foi possível graças a uma feliz conjunção de matemática, filosofia e ousadia intelectual, tudo isso baseado em uma física radicalmente nova (Kragh, 1996; A. L. L. Videira, 2000).

Ainda que interessante por si só, não é meu propósito nesta comunicação analisar as razões filosóficas e quiçá científicas que levaram Comte a tentar proibir, sem sucesso, pesquisas físicas e químicas no domínio dos astros celestes. A mal-sucedida tentativa de Comte, que acreditava que a mecânica celeste de Newton e Laplace era o mais perfeito modelo de teoria científica, contra a astrofísica e a cosmologia pertence hoje à história da filosofia e à história da ciência. Minha menção ao pensador francês explica-se pelo fato de que suas críticas tocam num ponto crucial para a ciência: a relação que esta última mantém com os chamados princípios, dado que um dos principais objetivos filosóficos de Comte consistiu em construir uma concepção de ciência na qual não fosse possível a introdução de qualquer tema relacionado à metafísica. Assim, Comte suspeitava do uso de princípios.

Não constitui novidade alguma afirmar que, independentemente de sua natureza e função, a posição desfrutada pelos princípios na ciência nunca foi

---

[2] Para outros detalhes, conferir Videira (1995). Todas as referências a trabalhos de Videira são do presente autor (A.A.P. Videira), exceto as que possuem as iniciais A.L.L.

completamente tranqüila ou isenta de críticas. O mínimo que se pode dizer é que, mesmo entre aqueles que os aceitam, a importância dos princípios é, por vezes, incômoda. Não há como negar que, ainda hoje, muitos cientistas e filósofos acreditam que eles podem, efetivamente, fazer com que a ciência vire as costas para o real, dirigindo-se para a metafísica, ou seja, para a especulação "selvagem e perigosa" sobre o real. Quando isso começa a acontecer, muitos cientistas, acompanhados de filósofos, voltam a empunhar a bandeira do positivismo, numa tentativa de combater o que lhes parece ser uma traição à ciência (D'Espagnat, 1995; Popper, 1982a).

A posição descrita ao final do parágrafo acima pode ser muito bem exemplificada pelas críticas que o astrofísico inglês Herbert Dingle dirigiu aos cosmólogos como Milne e Eddington, os quais, entre as décadas de 1930 e 1940, elaboraram modelos cosmológicos sem a preocupação de verificá-los observacionalmente (Gale & Urani, 1993; Gale & Urani em Hetherington, 1993; e Gale & Shanks, 1996). Para muitos de seus contemporâneos, Dingle assumiu uma postura conservadora, justamente por ter se preocupado em afirmar os perigos de uma posição excessivamente especulativa, alimentada por uma "fé irracional" na matemática e na potência heurística de princípios *a priori*. A origem das críticas de Dingle situa-se precisamente na sua incompreensão do papel que a matemática desempenha no processo de elaboração das teorias físicas (Chang, 1993). Para ele, era inaceitável que a matemática pudesse ser compreendida como o guia dos cientistas em suas atividades de descrição do comportamento dos fenômenos naturais. Ainda que suas opiniões tenham sido acirradamente combatidas e criticadas, ele nunca mudou de opinião, mantendo até o final de sua vida uma profunda desconfiança diante de toda e qualquer teoria física que não decorresse de observações empíricas.

Ao menos no domínio da cosmologia, a posição de Dingle não frutificou e nem poderia. A cosmologia, desprovida de princípios, não existe, e nem pode existir, como ciência. Assim, a pretensão máxima do positivismo – fundar a ciência em observações e nada mais – é algo que não pode ser respeitado pela cosmologia. E, como nas relações entre ciência e filosofia, quem "manda" é a primeira, no sentido de que pode determinar o destino de teses e princípios filosóficos, se um princípio filosófico não é útil, ou seja, fecundo, para a ciência, esta pode simplesmente abandoná-lo e rejeitá-lo.

Um último comentário sobre o positivismo. Permito-me fazê-lo sem prová-lo. As relações entre o positivismo e a ciência nunca foram tranqüilas e nunca poderão ser. O positivismo mostra ter uma preocupação excessiva com a metafísica. Essa preocupação parece ser tão forte que ela é, na verdade, a principal razão de ser do positivismo. Este último existe enquanto for possível manter um combate contra a metafísica. O positivismo – e os exemplos da astrofísica e da cosmologia parecem ser suficientemente fortes para corroborar esta opinião – não é fecundo, ao menos para a ciência. Em outras palavras, ele não tem força heurística suficiente para promover o desenvolvimento – aqui entendido como progresso – da ciência, na medida em que sua principal preocupação é evitar que a metafísica "contamine" a ciência. Ao defender uma posição anti-metafísica, o positivismo joga fora a água da banheira com a criança dentro. Afinal, a metafísica constitui uma importante fonte de idéias para a ciência, como foi muito bem enfatizado por Popper (1982b) desde a primeira metade do século passado ou, antes dele, por Boltzmann, na passagem do século XIX para o seguinte (Boltzmann, 1997).

Entre os físicos, em particular entre os cosmólogos, encontra-se disseminada a opinião de que os princípios são necessários para que a ciência seja possível. No caso específico da cosmologia, essa dependência é ainda mais forte, já que a cosmologia simplesmente não pode existir sem a presença desses princípios. Apresento algumas opiniões para ilustrar essa minha afirmação:

1. "Dada esta situação [o universo é único], somos incapazes de obter um modelo do universo sem algumas suposições especificamente cosmológicas que são completamente inverificáveis." (Ellis, 1975)
2. "Mas acima de tudo a cosmologia parte de um certo número de princípios fundamentais. [...] A cosmologia se baseia em princípios definidos e pode ser comparada com observações. [...] De qualquer modo, é importante estar ciente de que a cosmologia científica sempre se baseia em vários princípios metafísicos." (Lachièze-Rey, 1993, p. 3)
3. "Os cosmólogos [...] o fazem postulando um princípio universal, que exige que nossa amostra local do universo não seja diferente das regiões mais remotas e inacessíveis. Há fortes razões filosóficas para advogar tal princípio universal." (Silk, 1980, pp. 3-4)
4. "A cosmologia é excepcional entre as ciências pela extensão em que usa 'Princípios' para extrair afirmações testáveis sobre o universo visível a partir das leis subjacentes da Natureza. Isso não é totalmente surpreendente; pois a astronomia em particular, e a cosmologia em particular, sofrem de limitações que não são partilhadas por quaisquer de suas ciências irmãs." (Barrow, 1993, p. 117)

Com as quatro citações acima, todas elas feitas nos últimos 30 anos aproximadamente, espero deixar suficientemente claro que um número significativo de cientistas não têm, em princípio, nada contra o uso de princípios em ciência, em particular em cosmologia. Essas citações mostram igualmente que, no caso da cosmologia, os princípios constituem uma das suas condições de possibilidade. Desse modo, à pergunta "Cosmologia: ciência ou metafísica?" eu responderia: os dois (Videira, 2001). Na verdade, não creio que a cosmologia seja uma mistura de ciência com metafísica. Penso que esta última é uma condição de possibilidade que se impõe devido às características únicas apresentadas pelo objeto de estudo da cosmologia: o universo. É evidente que essa opinião não é apenas minha. Todo e qualquer cosmólogo faz afirmações semelhantes. Dois exemplos são os seguintes:

Lachièze-Rey: "Há apenas um universo e somos parte dele. Esta situação é diferente da que se encontra usualmente na ciência. Portanto os métodos e preocupações da cosmologia são distintos dos do resto da física."

Bondi: "Uma dificuldade peculiar à cosmologia é a singularidade do objeto de seu estudo, o universo. Na física, estamos acostumados a distinguir entre os aspectos acidentais e essenciais de um fenômeno comparando-o com outros fenômenos similares."

Ao afirmar que uma das condições de possibilidade da cosmologia é a união entre ciência e metafísica, estou procurando ressaltar que a cosmologia está baseada numa interação entre filosofia e observações, obviamente acompanhadas de teorias físicas. Em outras palavras, pode-se caracterizar a mencionada interação da seguinte maneira. A física constitui a arena, ou palco, onde princípios filosóficos e observações interagem, dando origem aos resultados esperados, isto é, o conhecimento em cosmologia.

Por ter como seu objeto de estudo o universo como um todo, a cosmologia não pode empregar os mesmos critérios e regras metodológicas de outras ciências, como a física e a astronomia. Uma distinção esclarecedora a esse respeito é a seguinte: existem ciências experimentais (física, química e microbiologia) e ciências históricas e geográficas (astronomia, geologia e teoria da evolução). Nas ciências experimentais, é possível realizar experiências com uma classe de objetos idênticos, ou praticamente, entre si. O mesmo não acontece nas chamadas ciências históricas e geográficas, nas quais somente é possível observar traços e indícios de eventos e objetos únicos. Na opinião do cosmólogo sul-africano George Ellis, a cosmologia é uma mistura de ciência histórica e geográfica, uma vez que "nós necessariamente observamos fontes distantes em uma época longínqua, quando suas propriedades podem ter sido diferentes" [das que possuem hoje em dia].

Já nesse ponto sobre as relações entre objeto de estudo e método, encontra-se uma conseqüência interessante para a filosofia da ciência, a saber que não é possível, ao menos no caso da cosmologia, manter a tese de que o método predomina sobre o objeto. Enquanto se acreditou nessa tese, era evidente que a cosmologia tinha que ficar de fora do escopo da ciência. É impossível adequar seu objeto de estudo à concepção de método científico padrão. Assim, para que possa ser uma disciplina científica, a cosmologia tem que elaborar um método próprio; uma "mistura" de procedimentos habituais nas ciências históricas e geológicas, mas procurando sempre respeitar alguns dos princípios mais caros da física como, por exemplo, aquele que estabelece que as leis físicas são universais. Mesmo esta última afirmação não é trivial na cosmologia. Nesta última, somos inapelavelmente limitados a observar aquilo que se encontra presente no nosso cone de luz. Acreditar que as leis físicas são universais corresponde a um ato de fé, como podemos perceber nas palavras do cosmólogo francês Lachièze-Rey:

> As leis da física são as mesmas em toda parte. [...] Sem este artigo de fé, é impossível uma cosmologia científica. Mas novamente trata-se de uma questão de aceitar um princípio *a priori*. De fato, a própria idéia de uma lei física implica sua universalidade. Mas uma lei só é válida dentro de um certo domínio [...]. (Lachièze-Rey, 1993, p. 3)

A idéia de que as leis físicas são universalmente válidas é, em sentido estrito, uma extrapolação ousada e que não pode ser provada. Para um positivista, tal extrapolação deveria ser evitada. No entanto, sem ela, a cosmologia não é possível. O físico britânico D. J. Raine afirma que essa idéia é a especulação mais fundamental da cosmologia teórica. A situação das leis científicas agrava-se no caso da cosmologia, quando se é lembrado, como faz George Ellis, de que "um ponto observacional não é capaz de estabelecer a natureza de uma relação causal. Conseqüentemente, o conceito de "lei" torna-se duvidoso quando existe apenas um objeto ao qual ele se aplica".

Se a cosmologia pretende ser coerente com sua própria definição – o estudo do universo como um todo – ela precisa superar a limitação imposta pela sua limitação em observar o universo. Como vimos anteriormente, para que isso possa acontecer, ela lança mão de princípios. Esses princípios contribuem para determinar o método empregado em cosmologia. Em outras palavras, o método em cosmologia é uma conseqüência da crença em certos princípios. Ainda nas palavras de Lachièze-Rey:

> Mas acima de tudo a cosmologia começa com um certo número de princípios fundamentais. [...] A cosmologia se baseia em princípios definidos e pode ser comparada com observações. [...] De qualquer forma, é importante estar ciente de que a cosmologia científica se baseia em vários princípios metafísicos. (Lachièze-Rey, 1993, pp. 3-4)

Um dos principais obstáculos que os cosmólogos viveram durante muito tempo foi a dificuldade que sofriam em propor novas idéias em cosmologia. Muitas vezes, outras áreas da ciência, em especial a física, vieram em seu socorro. Dois exemplos interessantes dessa situação são o *hot big bang*, proposto por Gamow e colaboradores ao final dos anos de 1940, e os atuais modelos inflacionários, devidos a físicos como Guth e Linde, entre outros. As idéias de Gamow são devedoras dos progressos em física nuclear, enquanto os modelos inflacionários tornaram-se possíveis graças ao sucesso da física de partículas elementares em seu projeto de unificar três forças básicas – a força nuclear forte, a força nuclear fraca e o eletromagnetismo (Kragh, 1996; Guth, 1997; Videira, 1998). A freqüência com que recorre a outras áreas da física não deve ser compreendida como sendo uma fraqueza estrutural da cosmologia. Ao contrário, ao ser capaz de incorporar idéias vindas de outros domínios, a cosmologia mostra a existência de uma sofisticada, robusta e poderosa, sob o ponto de vista heurístico, rede conceitual na física (A.L.L. Videira, 2001).

Depois de ter passado décadas sofrendo das terríveis desconfianças dos físicos, a cosmologia desfruta atualmente de situação de unanimidade no que diz respeito à sua cientificidade. Creio que não existe quase mais nenhum físico que, ao menos em público, afirme que a cosmologia não é uma ciência. Ao contrário, o que se lê nas revistas especializadas, nos livros textos e nos artigos de divulgação científica é que a cosmologia, não apenas é uma ciência, mas que ela já possui um modelo padrão, semelhantemente ao que ocorre na física de partículas elementares, como se pode facilmente perceber nas suas citações abaixo:

> A cosmologia progrediu nos últimos 35 anos[3] de um exercício principalmente matemático e filosófico para um ramo importante tanto da astronomia quanto da física, sendo agora parte da principal corrente científica, com um Modelo Padrão bem estabelecido confirmado por várias linhas de evidência. (Ellis, 1999, p. 4.20)

> Existe agora um corpo substancial de observações que apóiam diretamente e indiretamente o modelo relativístico do *big-bang* quente para o Universo em expansão. É igualmente importante que não há dados que sejam inconsistentes [com ele]. Esse não é um pequeno feito: as observações são suficientemente delimitadoras e não há qualquer alternativa ao *big-bang* quente consistente com todos os dados disponíveis. (Turner & Tyson, 1999)

---

[3] Esse artigo foi publicado em agosto de 1999.

De ciência heterodoxa, a cosmologia passou a integrar a ortodoxia. Como sempre, essa situação pode implicar problemas para a comunidade de cosmólogos. Afinal, as idéias científicas nascem, vivem e morrem. Essa parece ser a principal característica da ciência. Ainda que seja positivo poder contar com modelos padrões, uma vez que eles direcionam a pesquisa, eles não podem ser empregados como uma arma, usada para afastar e exterminar idéias diferentes e que não sejam compatíveis com eles. O perigo representado pelo dogmatismo é sério e deve ser evitado a todo custo. Em cosmologia, considerando-se sua natureza peculiar e distinta de outros ramos das ciências naturais, o dogmatismo pode ser especialmente pernicioso, pois ele nega a possibilidade de diálogo, impedindo o progresso. Para que o dogmatismo não se torne uma realidade na cosmologia (o mesmo sendo válido para outras ciências) é preciso, acima de tudo, ter consciência das opções filosóficas feitas (Ribeiro & Videira, 1995; Ribeiro & Videira, 1998).

Um outro elemento importante para que se possa ter clareza das opções filosóficas feitas está diretamente relacionado ao papel que as definições desempenham em cosmologia (Videira, 2000). Em outros termos, é fundamental analisar e compreender as definições propostas e efetivamente usadas. A principal definição da cosmologia, sem sombra de dúvida, diz respeito ao seu objeto de estudo: o universo. O que é o universo investigado pela cosmologia? Pode-se definir a cosmologia como sendo o estudo do todo, ou de tudo aquilo que existe (ainda que aqui seja importante restringir a definição de modo a excluir os seres vivos), ou ainda da estrutura do universo em larga escala. Deve-se observar que, para muitos cosmólogos, a expressão 'estrutura do universo em larga escala' é mais adequada do que todo ou totalidade. *Todo*, *totalidade* ou *existência* são, para muitos deles, conceitos tipicamente filosóficos e, portanto, "perigosos", já que eles são vagos. Uma possibilidade de se evitar os "perigos" da filosofia consiste em definir adequadamente o que se estuda em cosmologia e como seu objeto é estudado, ou seja, quais são seus verdadeiros e possíveis objetivos.

Segundo George Ellis, não há possibilidade alguma para se negar que opções filosóficas são realmente feitas em cosmologia. Essa situação torna-se clara diante da seguinte questão: 'Por que o universo tem uma forma específica e não outra, quando é perfeitamente possível pensar, ou criar, outras possibilidades?' Em outras palavras, as condições iniciais, presentes e atuantes no início do universo, poderiam ser diferentes daquelas que presidiram a formação do universo em que vivemos e que conhecemos parcialmente. Para Ellis, é inevitável, portanto, que temas metafísicos surjam em cosmologia. As escolhas filosóficas tornam-se imprescindíveis para que se possa configurar uma teoria. Um elemento chave no processo de escolha das opções filosóficas é conhecer com clareza qual o escopo da teoria cosmológica desejada. Nas palavras de Ellis:

> A base filosófica especificamente cosmológica se torna mais ou menos dominante em dar forma à nossa teoria de acordo com o grau em que perseguimos metas explicativas mais ou menos ambiciosas. (Ellis, 1999, p. 4.23)

A importância de se conhecer com clareza os objetivos explanatórios mostra-se de modo explícito e inadiável quando percebemos que as questões fundamentais subjacentes à cosmologia são as seguintes:

- Por que as leis físicas têm a forma que têm?
- Por que as condições de contorno para o universo têm a forma que têm?
- Por que existem leis físicas?
- Por que existe algo?
- Por que o universo permite, ou exige, a existência de vida inteligente?

Se essas são as principais questões da cosmologia científica, não há como negar sua semelhança com a cosmologia tradicional e hoje relegada a existir em manuais filosóficos de inspiração claramente neo-tomista. Mesmo que respostas às questões acima não apareçam com clareza nos modelos cosmológicos, estes foram concebidos a partir da aceitação, ou da recusa, da validade da ciência responder ou, ao menos, contribuir para a "descoberta" de algumas das respostas ansiadas. Um exemplo histórico muito interessante está diretamente relacionado ao surgimento e desenvolvimento da teoria do estado estacionário. Insatisfeito com algumas das idéias básicas do modelo do *hot big bang*, em particular aquela que permitia a elaboração de discursos pseudo-científicos sobre a origem do universo, Fred Hoyle resolveu propor um modelo que evitasse a possibilidade de a cosmologia interessar-se pela questão da origem do universo. Na verdade, Hoyle estava preocupado em evitar que a questão relativa à origem fosse formulada. Assim, a pergunta de número 4 da lista acima também não poderia ser formulada e muito menos respondida. Uma parcela considerável dos cosmólogos concorda com a opinião de Hoyle, ainda que não aceite seu modelo cosmológico. Um exemplo dessa posição pode ser percebido nas palavras abaixo:

> Os físicos de hoje nada têm a dizer sobre como a expansão começou. [...] a atual teoria física não consegue lidar com um "começo". [...] Não há provas de um começo do Universo e nenhuma teoria consegue lidar adequadamente com isso. (Zhi & Xian, 1994, p. 187; Ribeiro & Videira, 1999)

Perceber a existência de semelhanças entre a cosmologia científica e a cosmologia neo-tomista não significa que sou da opinião que esta última pode ainda desempenhar algum papel positivo na primeira. Quero apenas reafirmar e insistir na presença da filosofia, em particular, da metafísica no interior da cosmologia. É evidente que essa tese não é nova. Muitos outros filósofos já fizeram o mesmo, talvez até mesmo com mais radicalidade do que eu, como é o caso de Stephen Toulmin:

> Aqueles que pensam que a metafísica é a mais desregrada e especulativa das disciplinas, está mal informado: comparada com a cosmologia, a metafísica é trivial e sem imaginação. (Toulmin, 1989, p. 409)

Um dos pontos interessantes nesta breve afirmação de Toulmin é que parece ter havido uma inversão nas relações entre ciência e metafísica. Como é bem conhecido, durante muito tempo, tendo esse movimento começado a existir em meados do século XIX, os físicos mantiveram uma violenta oposição aos filósofos, pois pensavam que estes últimos faziam afirmações inapropriadas e inverídicas sobre o real (Videira, 1996). A oposição foi tão forte que dela originaram-se, inclusive, alguns movimentos filosóficos, desenvolvidos por cientistas profissionais ou filósofos próximos à ciência, como o Positivismo de Comte e o Positivismo Lógico dos anos 1920, 1930 e 1940. Apesar da popularidade e do prestígio que esses dois movimentos desfrutaram entre cientistas e filósofos, eles não conseguiram realizar aquilo que mais desejavam: exterminar, de uma por todas, a metafísica. Essa sempre se mostrou mais resistente do que os ataques cometidos contra ela.

Mesmo as críticas e os conselhos que Dingle dirigiu aos seus colegas, sobretudo os mais novos e, segundo ele, menos experientes, não surtiram efeito. As opções e os esforços dos cosmólogos dos anos 1940, 1950 e 1960, que, nessas décadas, eram muito poucos foram recompensados em 1965 com a descoberta da radiação de fundo cósmica, já que ela foi logo explicada como um resíduo de processos ocorridos nas fases iniciais do universo. A existência da radiação de fundo cósmica confirmou uma das principais previsões do modelo do *hot big-bang* de Gamow e colaboradores. Essa descoberta foi tão importante que, para alguns cientistas e historiadores da ciência, como é o caso de Stephen G. Brush, é ela que marca o início da cosmologia científica, já que essa descoberta respeitava um dos principais cânones epistemológicos da ciência: a elaboração de uma previsão sobre um fenômeno desconhecido e que foi, posteriormente, confirmado (Brush, 1992).

Como vimos ao longo deste trabalho, a metafísica está presente na cosmologia. No entanto, estar presente não significa ter tomado o lugar da cosmologia. Essa parece ser a conclusão a que chega Toulmin. A partir das palavras deste filósofo da ciência norte-americano, podemos suspeitar que, atualmente, os verdadeiros, ou autênticos, metafísicos são os cientistas, já que são eles os responsáveis pela elaboração e publicação de idéias que não têm origem no real, não podem ser comprovadas por este último e talvez nunca possam vir a ser. Em outras palavras, os cientistas parecem ser, hoje em dia, os principais responsáveis pela revalorização da metafísica. Ainda que a maioria absoluta não afirme explicitamente esse fato, suas práticas e os seus resultados não deixam dúvidas quanto a isso.

Em seu artigo, Toulmin analisa a preocupação que os físicos de hoje mostram com a questão do início do universo; questão que, segundo ele mesmo, remonta aos gregos da época clássica e chega até os nossos dias, após "passar" por personagens ilustres como Kant. Uma das principais frentes de trabalho dos cosmólogos a partir do início da década de 1980 está concentrada na formulação de modelos inflacionários, os quais poderiam não apenas resolver problemas existentes no modelo padrão, mas também fornecer pistas sobre como foram os instantes iniciais do universo. No entanto, esses modelos apresentam sérias dificuldades científicas, que fizeram com que a idéia original passasse por profundas modificações desde que foi proposta pela primeira vez – ao menos no mundo científico ocidental – em 1981 por Alan Guth, e sofresse sérias dificuldades epistemológicas, que tornaram essas idéias controversas. A principal acusação dirigida aos modelos inflacionários é que, por trabalharem em regiões nas quais os valores atingidos pela energia são extremamente elevados, eles não poderiam jamais passar pelo crivo da experiência (Earman & Mosterín, 1997; Rothman & Ellis, 1987).

Se, tal como afirma Torretti (1979), as teorias científicas podem modificar os sentidos dos princípios filosóficos, isso deve significar que as bases filosóficas das teorias científicas podem ser modificadas; elas não seriam definitivas. Essa afirmação de Torretti parece ser natural, na medida em que não haveria razão para se pensar que a componente filosófica da teoria seria a única a permanecer intacta, já que o mesmo não acontece com as componentes matemática, física e empírica (ou observacional). Já há muito se reconhece que a estrutura matemática, a componente física e o conteúdo empírico de uma teoria podem ser mudados, de acordo com a necessidade. Ao usar o termo *insight*, Torretti parece sugerir que as afirmações de conteúdo filosófico seriam importantes porque elas constituiriam marcos referenciais a respeito da estrutura e do comportamento da natureza durante o processo de elaboração das teorias científicas.

J. Merleau-Ponty (2000) pensa que são dois os modos possíveis de a filosofia se interessar pela cosmologia. O primeiro modo é concernente às características intrínsecas dessa ciência e aos seus métodos de trabalho. O segundo diz respeito à tarefa de colocar os resultados científicos da cosmologia em um "quadro mais geral" (as aspas sinalizam que uso as próprias palavras desse autor). No entanto, que quadro é esse? Como se dá essa inserção no quadro? Como é formado (ou construído) esse quadro? Essas perguntas não são respondidas por Merleau-Ponty em seu artigo. No entanto, creio que é possível interpretar sua afirmação como querendo dizer que, em cosmologia, não é simples conferir uma interpretação teórica, ou sentido, aos resultados observacionais. Para isso acontecer, é preciso dispor de um modelo teórico, contra o qual serão lidos e compreendidos os resultados observacionais.

Mas, se esse quadro deve existir antes dos resultados observacionais, para que esses possam ser entendidos, como se pode, então, formar esse quadro? Uma possível resposta para isso pode ser dada por meio do uso de *insights* filosóficos. No entanto, no interior desses quadros e principalmente pelo papel que neles desempenham, esses *insights* recebem uma função fundamental, passando a ser chamados de princípios. São os *insights* filosóficos que, na ausência de dados empíricos, nos *dizem* como a natureza se comporta e do que ela é feita. Assim, e enquanto uma ciência não atingir certo grau de maturidade, os quadros serão basicamente formados por *insights* filosóficos, algum conhecimento prévio que pode ser aproveitado e pelas estruturas matemáticas empregadas. No entanto, o papel e a importância desses *insights* podem sofrer modificações à medida que a ciência amadurece. Esse amadurecimento pode corresponder à progressiva diminuição da importância atribuída aos *insights*, conforme podemos perceber nas palavras de A. Albrecht:

> É claro que é comum invocar argumentos filosóficos quando se está tentando mapear um caminho através de território não familiar. Isso é verdade para a principal tendência da cosmologia, assim como para nossos detratores. A chave para o progresso é que os argumentos filosóficos importam cada vez menos, à medida que os dados se acumulam. (Albrecht, 1999, p. 45)

Cabe, todavia, ressaltar que esses *insights* nunca deixam de desempenhar algum papel nas teorias. Em outras palavras, eles estão sempre presentes. Se essa minha interpretação das palavras de J. Merleau-Ponty for correta, parece-me que, a rigor, não se pode afirmar que são dois os modos de se abordar filosoficamente a cosmologia. A rigor, existe um único tipo, já que a segunda via pode implicar em modificações na primeira via. Ou ainda, esses dois tipos, ou vias, seriam como as duas faces de uma mesma moeda, com a diferença de que a segunda via pode ter efeitos sobre a primeira.

Como vimos, uma das principais peculiaridades da cosmologia científica é que ela não pode recorrer a observações para justificar sua possibilidade de ser, com pleno direito, uma ciência. Devido à presença inescapável do horizonte cosmológico, "o Universo fica dividido para cada observador em duas partes: uma parte que é acessível e outra que não é acessível à observação" (Rudnicki, 1993, p. 169). Para esse mesmo autor, ninguém tem o direito de exigir que tudo na cosmologia seja observável. Um recurso, amplamente utilizado pelos cosmólogos para superar essa dificuldade, é lançar mão de extrapolações daquilo que eles pensam ser válido nas regiões observáveis para as regiões não-observáveis. Para Rudnicki:

> A única possibilidade de cruzar o horizonte cosmológico é dada pelo poder do pensamento humano. Os princípios cosmológicos formam um padrão possível, são apenas um exemplo de tal pensamento. (Rudnicki, 1993, p. 175)

Se as palavras acima de Rudnicki fazem sentido, o que lhes permite serem consideradas verdadeiras por todo aquele que assim o quiser, a cosmologia é, antes de tudo, uma ciência *racional*, baseada na nossa capacidade racional de superar os limites que nos são impostos pelos sentidos ordinários. Sem o uso da razão, não há possibilidade de se fundar a cosmologia como um ramo da ciência. No entanto, e a história da ciência nos fornece vários exemplos desse problema, toda vez que a razão acreditou excessivamente em sua própria capacidade, erros foram cometidos. Uma análise filosófica dos fundamentos da cosmologia científica pode, portanto, nos ajudar a melhor compreender o papel que a razão desempenha no processo de elaboração das teorias científicas, mas pode também – e talvez esta seja a sua principal lição – alertar-nos para o perigo que representa uma confiança ilimitada na força da razão. Estranho dilema este! Aceitá-lo, parece-me ser o nosso destino.

Referências bibliográficas

Albrecht, A. (1999), "Reply to 'A Different Approach to Cosmology'", *Physics Today* 52 (4): 44-46.

Barrow, J.D. (1993), "Unprincipled Cosmology", *Quarterly Journal of the Royal Astronomical Society* 34: 117-134.

Boltzmann, L. (1997), "Uma Preleção Inaugural em Filosofia da Natureza", em *Escritos Populares-Ludwig Boltzmann* (Seleção, Introdução e Apresentação por A.A.P. Videira), Rio de Janeiro: Observatório Nacional/MCT, 1997, pp. 202-211.

Bondi, H. (1952), *Cosmology*, Cambridge: Cambridge University Press.

Chang, H. (1993), "A Misunderstood Rebellion – The Twin-Paradox Controversy and Herbert Dingle's Vision of Science", *Studies in History and Philosophy of Science* 24 (5): 741-790.

D'Espagnat, B. (1995), *Uma Incerta Realidade – O Mundo Quântico, o Conhecimento e a Duração*, Lisboa: Instituto Piaget.

Dingle, H. (1955), "Philosophical Aspects of Cosmology", em Beer, A. (ed.), *Vistas in Astronomy*, Vol. 1, London/New York: Pergamon Press, pp. 162-166.

Earman, J. & J. Mosterín (1999), "A Critical Look at Inflationary Cosmology", *Philosophy of Science* 66: 1-49.

Ellis, G.F.R. (1975), "Cosmology and Verifiability", *Quarterly Journal of the Royal Astronomical Society* 16: 245-264.

Ellis, G.F.R. (1990), "Innovation, Resistance and Change: the Transition to the Expanding Universe", em Bertotti, B., Balbinot, R., Bergia, S. & A. Messina (eds.), *Modern Cosmology in Retrospect*, Cambridge: Cambridge University Press, pp. 97-113.

Ellis, G.F.R. (1999), "The Different Nature of Cosmology", *Astronomy and Geophysics* 40: 4.20-4.23.

Fang Li Zhi & Li Shu Xian (1994), *A Criação do Universo*, Lisboa: Gradiva.

Gale, G. & J. Urani (1993), "Philosophical Midwifery and the Birthpangs of Modern Cosmology", *American Journal of Physics* 61 (1): 666-673.

Gale, G. & N. Shanks (1996), "Methodology and the Birth of Modern Cosmological Inquiry", *Studies in the History and Philosophy of Modern Physics* 27: 279-296.

Guth, A. (1997), *O Universo Inflacionário – Um Relato Irresistível de uma das maiores Idéias Cosmológicas do Século*, Rio de Janeiro: Campus.

Harrison, E. (1999), *Cosmology – The Science of the Universe*, Cambridge: Cambridge University Press. (Second Edition.)

Hetherinton, N.S. (ed.) (1993), *Cosmology - Historical, Literary, Philosophical, Religious, and Scientific Perspectives*, New York/London: Garland Publishing.

Hoyle, F. (1962), *A Natureza do Universo*, Rio de Janeiro: Zahar Editores.

Kanitscheider, B. (1984), *Kosmologie – Geschichte und Systematik in philosophischer Perspective*, Sttugart: Reclam.

Kragh, H. (1996), *Cosmology and Controversy – The Historical Development of the two Theories of the Universe*, Princeton: Princeton University Press.

Lachièze-Rey, M. (1993), *Cosmology: A First Course*, Cambridge: Cambridge University Press.

McMullin, E. (1993), "Indifference Principle and Anthropic Principle in Cosmology", *Studies in the History and Philosophy of Science* 24 (3): 359-389.

Merleau-Ponty, J. (1965), *Cosmologie du Vingtième Siècle*, Paris: Gallimard.

Merleau-Ponty, J. (1983), *La Science de l'Univers à l'Âge du Postivisme: Études sur les Origines de la Cosmologie Contemporaine*, Paris: Vrin.

Merleau-Ponty, J. (2000), "Questions Philosophiques de la Cosmologie", *Épistémologiques (philosophie, science, historie)* 1 (1-2): 13-23.

North, J.D. (1965), *The Measuring of the Universe*, Oxford: Clarendon Press.

North, J.D. (1995), *The Fontana History of Astronomy and Cosmology*, New York/London: W.H. Norton & Co.

Popper, K.R. (1982a), "Três pontos de vista sobre o conhecimento humano", em Popper, K.R., *Conjecturas e Refutações*, Brasília: Editora Universidade de Brasília, pp. 125-146.

Popper, K.R. (1982b), "A Distinção entre ciência e metafísica", em Popper, K.R., *Conjecturas e Refutações*, Brasília: Editora Universidade de Brasília, pp. 281-321.

Raine, D.J. (1981), *The Isotropic Universe – An Introduction to Cosmology*, Bristol: Adam Hilger.

Ribeiro, M.B. & A.A.P. Videira (1995), "Cosmologia e Pluralismo Teórico", disponível em: <http://www.if.ufrj.br/~mbr/papers/sub-epcos.html>.

Ribeiro, M.B. & A.A.P. Videira (1998), "Dogmatism and Theoretical Pluralism in Modern Cosmology", *Apeiron* 15: 227-234.

Ribeiro, M.B. & A.A.P. Videira (1999), "O Problema da Criação na Cosmologia Moderna", em Susin, L.C. (ed.), *Mysterium Creationis – Um Olhar Interdisciplinar sobre o Universo*, São Paulo: Paulias, pp. 45-83.

Rothman, T. & G.F.R. Ellis (1987), "Has Cosmology become metaphysical?", *Astronomy* 15: 6-22.

Rudnicki, K. (1993), "Cosmological Principles", em Arp, H.C. *et al.* (eds.), *Progress in New Cosmologies: Beyond the Big Bang*, New York: Plenum Press, pp. 169-175.

Silk, J. (1980), *The Big Bang – The Creation and Evolution of the Universe*, San Francisco: W.H. Freeman and Co.

Torretti, R. (1979), "Mathematical Theories and Philosophical Insights in Cosmology", em Nelkowski, H. Hermann, A., Poser, H., Schrader, R. & R. Seiler (eds.), *Einstein Symposium Berlin*, Berlin/Heidelberg/New York: Springer, pp. 320-335.

Toulmin, S. (1988), "The Early Universe: Historical & Philosophical Perspectives", em Unruh, W.G. & G.W. Semenoff (eds.), *The Early Universe*, Dordrecht: Reidel, pp. 393-411.

Turner, M. & A.J. Tyson (1999), "Cosmology at the Millenium", *Review of Modern Physics* 71 (Special Issue): S145.

Videira, A.A.P. (1995), "A Criação da Astrofísica na Segunda Metade do Século XX", *Boletim da Sociedade Astronômica Brasileira* 14 (3): 54-69.

Videira, A.A.P. (1997), "Notas Introdutórias ao Tema: As Relações entre Ciência e Filosofia na Passagem do Século XIX para o Século XX", em Dias, A.L.M., El-Hani, C.N., de Santana, J.C.B. & O. Freire Jr. (eds.), *Perspectivas em Epistemologia e História das Ciências*, Feira de Santana: Universidade Estadual de Feira de Santana, pp. 11-24.

Videira, A.A.P. (1998), "A Gênese do Big Bang", *Ciência Hoje* 22 (145): 36-43.

Videira, A.A.P. (2000), "Para que servem as definições?", em El-Hani, C.N. & A.A.P. Videira (eds.), *O que é Vida? Para entender a Biologia do Século XXI*, Rio de Janeiro: Relume Dumará/Faperj, pp. 16-29.

Videira, A.A.P. (2001), "Algumas Observações sobre a Questão da Cosmologia: Metafísica ou Ciência?", em Chagas Oliveira, E. (ed.), *Epistemologia, Lógica e Filosofia da Linguagem*, Feira de Santana: Universidade Estadual de Feira de Santana/Núcleo Interdisciplinar de Estudos e Pesquisa em Filosofia, pp. 43-60.

Videira, A.L.L. (2000), "De um Mundo sem História à História do Mundo: A Teoria da Relatividade Geral e o Nascimento da Cosmologia", *Ciência & Memória (ON/MCT)*, nº 02/2000.

Videira, A.L.L. (2001), "O Estado da Cosmologia como Parte Integrante Legítima da Ciência Reforçado pela Emergência de Novas Questões e Desafios", Palestra proferida no *I Simpósio Brasileiro de Filosofia da Natureza*, Rio de Janeiro, 2001, 57 páginas.

Aspectos epistemológicos y geométricos de la teoría del campo unificado de Schrödinger

Víctor Rodríguez[*] y Pedro W. Lamberti[**]

1. Introducción

En este artículo nos proponemos analizar algunos aspectos de la teoría del campo unificado de Erwin Schrödinger desde la perspectiva de su concepción epistemológica y de la evolución de sus ideas geométricas. Para ello, hacemos una exposición esquemática estructurada de modo que resulten visibles los siguientes aspectos: a) antecedentes filosóficos y epistemológicos de su pensamiento, y la confluencia de ellos en sus formulaciones tardías sobre el campo unificado; y b) la evolución de sus ideas geométricas y su incidencia en su producción de la década de 1940. Finalizamos el trabajo con una breve conclusión.

2. La epistemología de Schrödinger

E. Schrödinger (1887-1961) es uno de los físicos más originales y multifacéticos del siglo XX. Su producción científica presenta obras importantes muy tempranas, como sus trabajos sobre Relatividad General (RG), a poco tiempo de la publicación clásica de Einstein de 1916 (ver Lamberti & Rodríguez, 2002), y una actividad continua de investigación sobre la naturaleza del universo físico hasta sus últimos días. Obras tardías como *La estructura del*

* Facultad de Filosofía y Humanidades, Universidad Nacional de Córdoba (UNC), Argentina.
** Facultad de Matemática, Astronomía y Física, Universidad Nacional de Córdoba (UNC)/Consejo Nacional de Investigaciones Científicas y Técnicas (CONICET), Argentina.

espacio tiempo, de 1950 (Schrödinger, 1992) y *Expanding universes* (Schrödinger, 1956), reflejan con elegancia y claridad viejas preocupaciones suyas acerca del eventual trasfondo geométrico de una concepción física del mundo. Naturalmente, su obra más conocida es la referida a la microfísica y en particular a la mecánica cuántica.

Cada una de estas facetas ha sido ya estudiada con considerable detalle por los historiadores y filósofos de la ciencia. Sus reflexiones sobre la física han generado una voluminosa bibliografía. Valga citar a título de ejemplo los dos volúmenes de Mehra y Rechenberg (1987) sobre el desarrollo histórico de la teoría cuántica, dedicados a este autor. Sus biógrafos, por otra parte, han pintado perfiles de su pensamiento ligados a las distintas circunstancias de su vida, y algunos de ellos, como Walter Moore (1989), han logrado un adecuado equilibrio entre su entorno, sus producciones intelectuales y su pensamiento. Por último, están sus escritos, que incluyen reflexiones sobre temas tan dispares como el Vedanta, la filosofía griega o la naturaleza de la vida desde un punto de vista físico-biológico. Sus preocupaciones filosóficas, tan eruditas como diversas, lo ubican como un pensador verdaderamente singular de nuestra época.

De todos estos contextos, y a los fines de este trabajo, haremos una selección de tópicos epistemológicos orientados a dar un marco sensible a su producción científica de la década de 1940 referida a la física teórica y en especial a su teoría unificada de campos. Una hipótesis que ha guiado esta exploración es que en estos trabajos se percibe una influencia considerable de su concepción epistemológica y también se aprecian con todo esplendor los alcances y límites de un determinado enfoque geométrico acerca de la física. La historia de esta disciplina muestra, a nuestro entender, robustos cultores de este enfoque en el siglo XIX, como es el caso de L. Boltzmann y H. Hertz (Baird, Hughes & Nordmann, 1998; Lamberti & Rodríguez, 2001). Schrödinger no es ajeno a esta tradición, ya que acusó tempranamente la influencia filosófica indirecta de Boltzmann, a través de su antiguo profesor Exner y de la lectura de los *Populäre Schriften* del físico austríaco. En particular, parece ser decisiva la influencia de este científico y filósofo sobre su predilección por la adecuación de imágenes a las nociones matemáticas que forman parte de las teorías físicas. La mayoría de las preocupaciones clásicas acerca de la naturaleza del espacio-tiempo flotaban en el ambiente intelectual de los físicos centro-europeos de principios del siglo XX. Como es sabido, el programa de geometrización de la física tuvo un fuerte respaldo tras el advenimiento de la teoría de la relatividad general.

En lo que sigue, haremos una breve caracterización de algunos aspectos de la línea de pensamiento filosófico de Schrödinger que tienen relevancia para su filosofía de la física y, en particular, para su enfoque geométrico.

Naturalmente, dados los objetivos de este trabajo y las dimensiones del mismo, quedan sin explorar aquí muchos detalles de la evolución de otras ideas relacionadas con el núcleo temático seleccionado.

Con solo repasar algunos trabajos monográficos de Schrödinger, como *La naturaleza y los griegos* (Schrödinger, 1961), *Mente y materia* (Schrödinger, 1983), *Ciencia y humanismo* (Schrödinger, 1985), basta para percatarse de la dificultad de sintetizar adecuadamente su pensamiento filosófico. Los historiadores han encontrado nexos entre sus lecturas de Schopenhauer y las filosofías no-dualistas de la India, para citar sólo una arista considerablemente original. Parece haber encontrado gran similitud entre "el mundo como voluntad y representación" de aquel filósofo y su propio pensamiento. También se ha estudiado su supuesto trasfondo post-kantiano en relación con su actitud crítica sobre "la cosa en sí". Él, además, reconoce expresamente la influencia de otros filósofos, como Spinoza, Mach, Semon y Avenarius. Un aspecto delicado de las cuestiones filosóficas provenientes de los científicos bajo estudio es el alcance de la indagación acerca de la influencia de ellas sobre sus producciones científicas específicas. En muchos casos, como nos sucede con Schrödinger, a pesar de la fortaleza de convicción en algunas de las argumentaciones filosóficas, no es trivial el nexo con artículos de gran importancia científica. El recorte que aquí se expone está orientado hacia el eventual trasfondo epistemológico de su concepción de una unificación de los campos físicos. La búsqueda de un campo unificado en la física ha marcado la investigación de varios físicos eminentes de la primera mitad del siglo XX[1] y, en nuestra opinión, exhibe en la mayoría de los casos estudiados un trasfondo epistemológico digno de análisis ulteriores. Pero en el caso de Schrödinger, su preocupación antecede a sus propuestas explícitas de una teoría unificada. Ya en 1926, en su mecánica ondulatoria, aparecía de modo ostensible su motivación por mantener una representación clara del espacio tiempo. Estudiosos de su pensamiento, como De Regt (1997) han focalizado su atención sobre el rol del concepto de *Anschaulichkeit,* que podemos traducir por una sutil mezcla de los conceptos de visualizabilidad e inteligibilidad. Este concepto juega un rol importante a la hora de explicar el trasfondo realista o antirrealista de la filosofía de nuestro autor. Las vacilaciones al respecto están reforzadas por la interpretación del rol del pensamiento de Ernst Mach sobre sus ideas. Por visualizabilidad entendemos aquí la posibilidad de obtener una imagen espacio temporal del mundo, actitud que posee una larga tradición en la física clásica. En este sentido, su asociación con las posibilidades de comprensión de una teoría es directa: sólo

---

[1] Por sólo mencionar algunos, se destacan H. Weyl, A. Eddington, A. Einstein, W. Pauli y P. Jordan.

podemos comprender correctamente una teoría si logramos una adecuada representación espacio temporal de la misma. Es importante señalar aquí que Schrödinger no considera mutuamente excluyentes a los enfoques de Mach y de Boltzmann. Tomó de Boltzmann, e indirectamente de Hertz, el concepto de *Bild*, que podemos traducir como imagen, pintura, representación. De Mach, entre otras cosas, fue seducido por la relación entre la percepción y los hechos observacionales. En sus propias palabras,

> La idea de Boltzmann consistía en formar 'imágenes' absolutamente claras, casi ingenuamente claras y detalladas –principalmente para estar bien seguros de evitar suposiciones contradictorias. El ideal de Mach fue la síntesis cuidadosa de los hechos observacionales que pueden, si se desea, ser llevados hacia atrás hasta la lisa y llana percepción sensual... Sin embargo decidimos por nosotros mismos que esos son solo diferentes métodos de ataque, y que uno tiene amplia libertad de seguir uno o el otro, bajo el supuesto de no perder de vista los principios importantes que fueron más fuertemente enfatizados por los seguidores de la otra línea de pensamiento, respectivamente. (Cita de Schrödinger tomada de De Regt, 1997, p. 466)#

Una aclaración importante es que aun en Boltzmann el *Bild* no representaba un isomorfismo entre la imagen teórica y el mundo real. La relación era más sutil y cercana a un realismo metodológico. Schrödinger se inclinó por este enfoque, pero le sumó lo que se ha dado en llamar el "monismo neutro" de Mach; básicamente, que cuerpo y mente no difieren en cuanto a su última naturaleza. Para ser más precisos, como dice De Regt (1997), Schrödinger transformó la ontología de Mach, vinculada a elementos empíricos, en un monismo sustantivo, esto es, que existe sólo una única entidad detrás de los elementos empíricos. En este sentido, la *Anschaulichkeit* está más vinculada a nuestro modo de entender la realidad, que al eventual carácter de esa realidad. Pareciera más próxima a un contexto de descubrimiento que a un contexto de justificación ó, más específicamente, a un marco general para un contexto de descubrimiento. Al respecto dice,

> Ciertamente, el punto de partida de las imágenes *anschaulich*, tomadas por de Broglie y por mí, no están suficientemente desarrolladas como para dar cuenta aún de los hechos más importantes. Sin embargo, es altamente probable que aquí y allá hayamos tomado el giro equivocado. (Cita de Schrödinger en De Regt, 1997, p. 478)

Las citas en el presente trabajo han sido traducidas del inglés por los autores.

Creemos que, aunque no aparezca explícitamente esta postura filosófica en sus trabajos sobre el campo unificado de la década de 1940, ella configura el marco epistemológico implícito en la arquitectura teórica de esos ensayos. Es más, es esta orientación la que a nuestro juicio le permite tener la libertad de asumir distintas concepciones de la geometría, en particular, su aceptación de la estrategia usada previamente por otros autores de dar prioridad al enfoque con base en una geometría afín.

Aun cuando ha habido fluctuaciones en su pensamiento, su valoración epistémica de la continuidad en relación con la concepción del mundo físico lo ubica como un pensador considerablemente clásico frente a un conjunto de eminentes colegas que acusaban visiblemente la influencia creciente del *marco* cuántico. Pero no es trivial la evolución de su pensamiento en torno de los aspectos epistemológicos de la física (ver, p.e., Schrödinger, 1995). Mucho se ha escrito sobre el pensamiento de Schrödinger en torno de los años 1925-1927, pero es considerablemente menor el tratamiento de sus reflexiones posteriores sobre filosofía de la física. Ya en la década de 1920 dejaba ver sus vacilaciones con respecto al concepto de causalidad (ver Schrödinger, 1929; Forman, 1984), llegando a adoptar incluso una posición fuertemente acausalista en el nivel atómico. Sostuvo el punto de vista de que la causalidad es una convención. Para él, en la medida en que las leyes físicas son estadísticas, no requieren que ciertos sucesos individuales sean determinados de modo estrictamente causal. Es ostensible aquí la influencia del pensamiento de Boltzmann sobre la termodinámica estadística. Pero también refleja la influencia de Hertz, en particular, a través del concepto de adecuación (*Zweckmässigkeit*), que fue uno de los criterios de este autor para seleccionar a las representaciones. Al respecto dice,

> En mi opinión, esta cuestión (de la causalidad) no tiene que ver con la constitución real [*wirklich*] de la naturaleza como se nos aparece; es en cambio una cuestión de adecuación [*Zweckmässigkeit*] y conveniencia [*Bequemheit*] para un propósito de una u otra disposición de nuestro pensamiento con la cual nos acercamos a la naturaleza. (Cita de Schrödinger en Bitbol & Darrigol, 1992)

La incidencia de este enfoque sobre su concepción del determinismo es directa, aun cuando su punto de vista no es simplista ni adopta un realismo ingenuo, como puede verse en sus evaluaciones de los trabajos y perspectivas de sus colegas en relación con las interpretaciones de la mecánica cuántica. Estimamos como altamente factible que su concepción de la función de onda Ψ sea el resultado de la tensión entre estos conceptos. Por esta vía parece haber aceptado que la complementariedad onda-corpúsculo mostraba dos modos de representación, el matemático y el experimental. Su discrepancia con la interpretación ortodoxa en cuanto al concepto de medición en mecánica cuántica parece ser una consecuencia de este enfoque, pero no nos extenderemos sobre este punto en particular ya que es relativamente periférico con respecto a nuestro objetivo. Hemos traído esta referencia con el sólo objeto de puntualizar un estilo de abordaje de ciertas teorías físicas, que a nuestro modo de ver se prolonga en sus trabajos sobre los campos. En particular, en relación con estos dos modos de representación antes aludidos, llama la atención su preocupación, en medio de sus desarrollos altamente formales de la teoría del campo unificado, por la obtención de resultados experimentales (Schrödinger, 1943b).

Un aspecto importante de su pensamiento, heredado en parte de Schopenhauer y de su interpretación de la filosofía oriental, se refleja en su concepción de la artificialidad de las divisiones entre "mundo" y "yo". En nuestra opinión, esta interpretación atraviesa completamente su programa unificacionista. No obstante ello, como expresa Bitbol (1991), es necesario atenuar el alcance de su filosofía al dominio de la física; si se considera su modo de trabajo en ciencias, parece seductora la idea de que Schrödinger mantenía explícitamente dos discursos relativamente inconmensurables en relación con la física cuántica y la filosofía. En nuestra interpretación, ambas versiones son correctas, solo que las diferencias entre ambos discursos aparecen referidas a cuestiones principalmente metodológicas. Complementariamente, su concepción del mundo, al ser global, no refleja conexiones directas simples sobre sus teorías científicas en torno de la unificación de los campos. Al respecto, deseamos aclarar que otro de los objetivos de este trabajo es brindar algunos detalles sobre las concepciones de nuestro autor sobre el ideal de unificación, que sean complementarias a la excelente caracterización que se ha hecho recientemente sobre su filosofía tardía de la mecánica cuántica (Bitbol, 1996).

Hasta aquí hemos descripto lo que entendemos ha sido el posicionamiento epistemológico de Schrödinger en su propuesta de unificación de las leyes físicas. A continuación comentaremos las principales ideas geométricas que subyacen en la formulación de su teoría del campo unificado.

3. La evolución de sus ideas geométricas

Antes de describir los aportes que Schrödinger hizo en la formulación de una teoría unificada de campos, describiremos los principales hitos que marcaron el camino hacia una formulación no métrica de la teoría del campo gravitatorio y electromagnético. Llama la atención que a pesar de que muchos físicos notables habían ya desechado el marco geométrico afín como uno adecuado para la formulación de una teoría de unificación, en 1943 Schrödinger lo toma como punto de partida de sus desarrollos.

3.1 Antecedentes

Desde el punto de vista geométrico, las variables básicas de la teoría general de la relatividad (RG) son las diez componentes de la métrica del espacio-tiempo 4-dimensional, $g_{\mu\nu}$, $\mu,\nu = 1, 2, 3, 4$. Las ecuaciones de campo de la teoría, junto con la especificación de la distribución de materia en el espacio proveen una "receta" para la determinación de las cantidades $g_{\mu\nu}$. De esa manera se logra una descripción completa del campo gravitatorio. Inmediatamente después de la formulación de la RG surgieron intentos de una generalización matemática de la teoría que permitiese la inclusión del otro campo físico conocido por entonces: el campo electromagnético.

Por el lado matemático, Levi-Civita había notado ya a comienzos del siglo XX, que una entidad fundamental para la geometría riemanniana, e independiente de la métrica, es la *conexión afín*, la cual prescribe la forma en que un vector se traslada paralelamente de un punto a otro del espacio-tiempo. Formalmente, al trasladar paralelamente un vector de componentes A^{μ} a lo largo de un camino infinitesimal δx^{ν}, las componentes del vector cambian en

$$\delta A^{\mu} = -\sum_{\nu\rho} \Gamma_{\nu\rho}{}^{\mu} A^{\nu} \delta x^{\rho}$$

donde las cantidades $\Gamma_{\nu\rho}{}^{\mu}$ son las componentes de la conexión afín. En la geometría riemanniana se logra una relación entre las componentes de la métrica y las componentes de la conexión afín por medio del requerimiento de que al trasladar paralelamente un vector, su módulo (longitud) permanezca inalterado. Otro hecho importante de la geometría riemanniana es que el tensor de curvatura (tensor de Riemann) se obtiene a partir de las cantidades $\Gamma_{\nu\rho}{}^{\mu}$ sin importar la relación existente entre la conexión $\Gamma_{\nu\rho}{}^{\mu}$ y la métrica $g_{\mu\nu}$. Desde el punto de vista físico, el tensor de curvatura es fundamental para la escritura de las ecuaciones de campo de la RG.

Estos dos hechos condujeron a H. Weyl en 1918 a proponer una teoría en donde los rayos de luz fuesen objetos más fundamentales que las longitudes y los tiempos (Weyl, 1952). La manera en que las longitudes y tiempos se miden, está dada por las componentes de $g_{\mu\nu}$, mientras que la propagación de la luz está determinada por cocientes de las componentes de $g_{\mu\nu}$. Geométricamente esto significa que Weyl da un significado objetivo a las relaciones de las longitudes de dos vectores (ángulos) en lugar del módulo de cada uno de ellos. En particular la conexión afín de Weyl requiere que el desplazamiento paralelo deje invariante el ángulo entre dos vectores y no su longitud (como en la geometría riemanniana). Queda claro que para Weyl esta es una suposición puramente formal[2]. Esto determina a las componentes $g_{\mu\nu}$ (salvo un factor) y cuatro cantidades adicionales ϕ_μ, que físicamente se interpretan como los potenciales electromagnéticos.

A. Eddington (1923) avanza un poco más tras estas ideas, y toma como único elemento geométrico básico de la teoría, a la conexión afín, sin considerar la existencia de una métrica, la cual aparece finalmente como una cantidad deducida. Como se dijo más arriba, la evaluación del tensor de curvatura se realiza a partir de la conexión afín. Ya independizado de la métrica, Eddington permitió que el tensor de Ricci (derivado del de curvatura) tuviese una parte simétrica y otra anti-simétrica (en la geometría riemanniana "usual" el tensor de Ricci es simétrico). En la teoría de Eddington, la parte simétrica del tensor de Ricci está relacionada con el campo gravitatorio, mientras que la parte antisimétrica con el campo electromagnético. Desde el punto de vista matemático, la conexión afín (simétrica) involucra 40 cantidades (las componentes $\Gamma_{\nu\rho}{}^\mu$). Para su determinación, Eddington propone un funcional $\aleph$ que depende de esas cuarenta cantidades y un principio variacional para ese funcional, el cual conduce a 40 ecuaciones para las $\Gamma_{\nu\rho}{}^\mu$. La estructura de las cantidades Γ a que se llega es la correspondiente a la de la teoría de Riemann más una modificación, que en palabras de Einstein, "no se aparta de la geometría riemanniana *más de lo necesario*". Finalmente Eddington da una forma particular para el funcional $\aleph$.

En el año 1923 Einstein critica a la teoría de Eddington por no dar una receta "simple y natural" de cómo determinar las 40 cantidades Γ, e intenta "cubrir esta brecha" proponiendo características particulares para el funcional $\aleph$ (Einstein, 1923). Con esto, logra escribir ecuaciones de campo que involucran dos constantes que debe proveer la experiencia. En particular concluye que una de esas constantes debe ser "indefinidamente pequeña", pues de no ser así, ningún campo electromagnético sería posible sin una densidad de carga exageradamente grande. Durante varios años Einstein trabaja con las teorías afines, hasta que después de ciertas vacilaciones, en 1927 dice: "Como resultado de numerosos fracasos, he llegado ahora a la convicción de que este camino no nos acerca a la verdad".

---

[2] Al respecto observa P. Bergmann: "Al momento de la formulación de Weyl, tanto la invariancia del elemento de línea, $ds^2 = \sum g_{\mu\nu} \, dx^\mu \, dx^\nu$, como la invariancia de la propagación de la luz, no podían asentarse sobre bases físicas (experimentales) firmes" (Bergmann, 1976).

De todos modos esta afirmación no marca el final de su interés en las teorías afines. De hecho, encontramos publicaciones de Einstein en esta línea de trabajo hasta sus últimos años de vida (ver Pais, 1984).

3.2 Los aportes de Schrödinger

El primer contacto que Schrödinger tiene con las ideas de unificación de Weyl ocurre en 1922 (Schrödinger, 1922). En ese trabajo (en realidad una nota no publicada), Schrödinger aplica a un sistema electrón-protón la idea de conexión de Weyl. En particular explica la estabilidad del átomo de hidrógeno por medio de una *resonancia* de la longitud de un vector que se traslada junto con el electrón. En ese trabajo comenta: "la equivalencia de la generalización de Weyl a la RG y las reglas de cuantización de Bohr-Sommerfeld son una propiedad remarcable".

Debieron transcurrir casi veinte años para que Schrödinger volviese a involucrarse con el problema de la unificación. En 1943 comienza a trabajar en una teoría unificada de carácter puramente afín (es decir, en la cual la conexión afín es la entidad fundamental y la métrica la derivada) (Schrödinger, 1943a). Al comienzo de este trabajo, Schrödinger arriesga una explicación del porqué del fracaso hasta ese momento de las teorías afines: habla de un *"disgusto estético"* asociado con el tipo de dependencia del Lagrangeano (esencialmente la cantidad $\aleph$ mencionada arriba) de la teoría con las componentes de la conexión. Tras estas consideraciones, Schrödinger hace un repaso exhaustivo de la geometría afín, dedicándose luego a estudiar las características que debería poseer el Lagrangeano sobre bases físicas. En el estudio de la geometría afín, Schrödinger realiza un planteo totalmente general. Se libera del requerimiento que las componentes de la conexión afín sean simétricas (es decir, permite que $\Gamma_{\nu\rho}{}^{\mu} \neq \Gamma_{\rho\nu}{}^{\mu}$). Más aún, considera la posibilidad que en la variedad espacio-tiempo haya más de una conexión, lo cual posibilita la inclusión de otros campos recientemente incorporados en la física: el campo mesónico y el campo de Dirac. Schrödinger avanza no sólo en estos aspectos "cinemáticos" de la teoría, sino que propone un funcional $\aleph$ completamente distinto a los considerados hasta ese momento. Es interesante notar también que el electromagnetismo que surge de la teoría de Schrödinger es distinto al de Maxwell. Es en este punto donde Schrödinger centra las posibles verificaciones experimentales de la teoría (Schrödinger, 1943b; 1944). Fundamentalmente busca efectos magnéticos asociados con la nueva teoría, en el sol y en los planetas.

En uno de sus últimos trabajos sobre la teoría unificada Schrödinger se da por satisfecho en cuanto a los avances formales logrados en la teoría. Al respecto afirma:

[...] por fin he completado una teoría geométrica... en la que comencé a trabajar hace más de dos años. Independientemente que sea correcta o no, debe denominarse la teoría del campo afín... pues se apoya exclusivamente en que la conexión del espacio-tiempo es puramente afín. (Schrödinger, 1946)

4. Conclusiones

La exploración por las diferentes facetas de la producción intelectual de Schrödinger nos ha permitido establecer ciertos nexos entre sus trabajos científicos relacionados con la unificación y aspectos de su pensamiento filosófico y epistemológico. Se ha intentado mostrar que la concepción de este autor sobre las representaciones visuales espacio temporales de la física, sumadas a la influencia de enfoques epistemológicos sobre el método científico y su repercusión en las imágenes del mundo, jugaron un rol central como marco general para su estrategia de abordaje de sus teorías unificadas de la década de 1940. Esta perspectiva de análisis no excluye la incidencia de otros factores importantes, que pueden ser generadores alternativos de fuertes motivaciones en la búsqueda de marcos conceptuales de la física teórica. En este sentido, es perfectamente factible intentar una descripción alternativa de esta producción científica de Schrödinger directamente vinculada a la historia de la física teórica desde un enfoque, por ejemplo, más centrado en la matemática. Estimamos que nuestro pequeño aporte ha consistido en dar un complemento que intenta integrar la preocupación de este pensador en torno a una teoría unificada con su continua preocupación filosófica. Creemos que este campo de análisis está lejos de ser agotado pero, en nuestra opinión, la indagación realizada permite remarcar una rica interacción entre epistemología y física. Pocos científicos del siglo XX son tan fructíferos como Schrödinger para este propósito.

Referencias bibliográficas

Baird, D., Hughes, R. & A. Nordmann (1998), *H. Hertz: Classical Physicist, Modern Philosopher*, Dordrecht: Kluwer.

Bergmann, P. (1976), *Introduction to the theory of Relativity*, New York: Dover.

Bitbol, M. (1991), "Erwin Schrödinger: un filósofo entre los físicos", *Mundo Científico* 11 (111): 296-303.

Bitbol, M. (1996), *Schrödinger's Philosophy of Quantum Mechanics*, Dordrecht: Kluwer.

Bitbol, M. & O. Darrigol (1992), *Erwin Schrödinger, Philosophy and the Birth of Quantum Mechanics*, Gif-sur-Yvette Cedex: Editions Frontieres.

de Regt, H. (1997), "Erwin Schrödinger, *Anschaulichkeit*, and Quantum Theory", *Studies in History and Philosophy of Modern Physics* 28 (4): 461-481.

Eddington, A. (1923), *The Mathematical Theory of Relativity*, Cambridge: Cambridge University Press.

Einstein, A. (1923), *Nature* 112 (2812): 448-449.

Forman, P. (1971), "Weimar Culture, Causality and Quantum Theory, 1918-1927. Adaptation by German Physicists and Mathematicians to a Hostile Intellectual Environment", *Historical Studies in the Physical Sciences* 3: 1-115.

Lamberti, P.W. & V. Rodríguez (2001), "¿Hay un programa de geometrización en la física de Hertz?", *Epistemología e Historia de la Ciencia* 7: 250-254.

Mehra, J. & H. Rechenberg (1987a), *The Historical Development of Quantum Mechanics*, Vol. 5, part I, New York: Springer.

Mehra, J. & H. Rechenberg (1987b), *The Historical Development of Quantum Mechanics*, Vol. 5, part II, New York: Springer.

Moore W. (1989), *Schrödinger: Life and Thought*, Cambridge: Cambridge University Press.

Pais, A. (1982), *"Subtle is the Lord..." The Science and the Life of A. Einstein*, Oxford: Oxford University Press.

Rodríguez V. & P.W. Lamberti (2002), "Hertz, Schrödinger y la relatividad general", *Epistemología e Historia de la Ciencia* 8: 330-333.

Schrödinger, E. (1922), "Über eine bemerkenswerte Eigenschaft der Quantenbahnen eines einzelnen Elektrons", *Zeitschrift für Physik* 12: 13-23..

Schrödinger, E. (1929), "Was ist ein Naturgesetz?", *Naturwissenschaften* 17: 9-11.

Schrödinger, E. (1943a), "The General Unitary Theory of the Physical Fields", *Proceedings of the Royal Irish Academy* 49 A: 43-58.

Schrödinger, E. (1943b), "The Earth's and the Sun's Permanent Magnetic Fields in the Unitary Field Theory", *Proceedings of the Royal Irish Academy* 49 A: 135-148.

Schrödinger, E. (1944), "The Point Charge in the Unitary Field Theory", *Proceedings of the Royal Irish Academy* 49 A: 225-235.

Schrödinger, E. (1946), "The General Affine Field Laws", *Proceedings of the Royal Irish Academy* 51 A: 41-50.

Schrödinger, E. (1956), *Expanding Universe,* Cambridge: Cambridge University Press.

Schrödinger, E. (1954), *Nature and the Greeks*, Cambridge: Cambridge University Press.

Schrödinger, E. (1967), *Mind and Matter*, Cambridge: Cambridge University Press.

Schrödinger, E. (1951), *Science and Humanism*, Cambridge: Cambridge University Press.

Schrödinger, E. (1950), *Space-Time Structure*, Cambridge: Cambridge University Press.

Schrödinger, E. (1995), *The Interpretation of Quantum Mechanics*, Woodbridge: Ox Bow Press.

Weyl, H. (1952), *Space, Time and Matter*, New York: Dover.

Mapa das interpretações da teoria quântica

Osvaldo Pessoa Jr.[*]

1. Considerações gerais

A Teoria Quântica, ou seja, a física do mundo microscópico, tem um aspecto notável associado a ela, que é a existência de dezenas de "interpretações" diferentes. Quem tem alguma familiaridade com esta teoria sabe que há uma interpretação "ortodoxa", e que esta se contrapõe a uma interpretação com "variáveis ocultas". A literatura de divulgação refere-se freqüentemente a uma interpretação de "muitos mundos", e nas discussões sobre a não-localidade escreve-se que a interpretação que Einstein teria dado à realidade quântica estaria errada.

Como é possível haver tantas interpretações diferentes para uma teoria considerada tão fundamental? Um pouco de reflexão mostra que esta situação, longe de ser patológica, deve ser considerada típica. Uma *interpretação* é usualmente entendida como um conjunto de teses ou imagens que se agrega ao formalismo mínimo de uma teoria, sem afetar em nada as previsões observacionais da teoria.[1] Essas teses fazem afirmações sobre a realidade existente para além dos fenômenos observados, ou ditam normas

[*] Departamento de Filosofia, Faculdade de Filosofia, Letras e Ciências Humanas, Universidade de São Paulo (USP), Brasil.

[1] Pode acontecer que uma interpretação faça previsões em desacordo com a teoria, e neste caso deveríamos falar de uma "teoria diferente"; porém, se o desacordo for tão pequeno que não se possa fazer um experimento crucial para escolher entre as teorias, é costume considerar que a teoria diferente também seja uma "interpretação".

sobre a inadequação de se fazerem tais afirmações. Claramente, uma interpretação equivale a uma postura filosófica ou metafísica, a qual o cientista tem liberdade para escolher.

O fato de a Teoria Quântica se referir a um domínio de realidade que está muito distante de nós (e que não desempenhou um papel seletivo na evolução de nosso aparelho cognitivo) faz com que a consideremos contra-intuitiva; como ela está nos limites de nosso conhecimento, fica difícil testar qualquer conjectura a respeito da realidade que se encontraria por trás de nossas tênues medições experimentais. Assim, é natural que haja um grande número de construções hipotéticas a respeito da natureza desta realidade que se oculta por trás das observações. Em outras palavras, há uma grande subdeterminação das interpretações em face do formalismo mínimo de uma teoria.

O primeiro guia para se postular qual seria a natureza desta realidade, a partir do momento em que temos uma teoria geral muito bem sucedida em fazer previsões e explicar todo tipo de medições, é a própria estrutura da teoria. Se a teoria utiliza uma entidade matemática que é análoga a uma onda, como a função de onda $\psi(r,t)$ da mecânica ondulatória de Schrödinger, então a interpretação "natural" desta teoria é de que exista um referente (na realidade) a esta função de onda. Há outras abordagens para a mecânica quântica não-relativística que fornecem as mesmas previsões experimentais que a mecânica ondulatória, como a mecânica matricial de Heisenberg ou a soma sobre histórias de Feynman. Existem provas de que estas abordagens são matematicamente equivalentes entre si, mas mesmo assim tais abordagens "sugerem", por meio das entidades matemáticas que são salientadas (ondas, trajetórias, trajetórias possíveis), quais seriam as entidades reais que têm prioridade. Cada formalismo matemático diferente *sugere* uma ontologia diferente, cada uma tem uma interpretação natural diferente.

No entanto, não há nada que obrigue um físico que trabalhe com funções de onda a acreditar ou a defender que tais ondas existam na realidade. A interpretação "oficial" adotada por um cientista não precisa refletir a interpretação natural sugerida pela teoria.[2] Com efeito, não há nada que obrigue um cientista a defender qualquer tese que seja (a respeito da realidade não-observável). Se, de fato, ele adotar esta posição, isto não

---

[2] Por outro lado, pode-se argumentar que existem "interpretações privadas" que o cientista utiliza, até sem perceber, durante seu trabalho, e que podem diferir da "interpretação oficial" adotada publicamente por ele (ver Montenegro & Pessoa, 2002).

significa, porém, que ele não tenha uma interpretação com relação à teoria, mas sim que adota uma interpretação que desaconselha que se associe uma imagem de mundo à realidade não observável. Esta atitude é conhecida como *positivismo* ou, mais precisamente, como "descritivismo" (segundo esta visão, a ciência deve se relegar a descrever a realidade observada, não "fazendo sentido" falar nada a respeito daquilo que não é observável). As interpretações ortodoxas da Teoria Quântica se caracterizam por um alto grau de positivismo, ao passo que a maior parte das interpretações alternativas assevera algo a respeito da realidade não-observada, atitude esta que recebe o nome de *realismo*. Toda interpretação pode ser analisada sob a perspectiva de seu grau de positivismo/realismo. Tanto é assim que propomos, neste trabalho, uma classificação das interpretações da Teoria Quântica baseada nesta distinção.

Um segundo critério de classificação de interpretações é relativo à *ontologia* proposta. No caso da Teoria Quântica, a distinção ontológica fundamental é entre interpretações corpusculares e ondulatórias. Esta distinção reflete a dicotomia mais geral entre "propriedades bem definidas" e "propriedades difusas" ("borradas"): o que chamamos de interpretações "ondulatórias" (seguindo Reichenbach, 1944) devem ser entendidas como visões que não atribuem propriedades bem definidas para certas grandezas quânticas, como posição. A maioria das interpretações responde às seguintes questões, "existem partículas?", "existem ondas?", com uma resposta clara. Com isso, há três grandes grupos interpretativos: *corpuscular, ondulatório* e *dualista* (visões que aceitam a existência de ambos), sendo que há também algumas abordagens que evitam qualquer comprometimento ontológico. Neste artigo, proporemos uma classificação de todas as interpretações da Teoria Quântica baseada em como cada uma delas se distribui ao longo do eixo epistemológico (positivismo ou realismo) e ontológico (partícula, onda, dualismo ou sem ontologia).

Há, no entanto, um terceiro eixo que seria significativo para classificar as interpretações, mas cujo caráter esquivo nos impede de utilizá-lo. Trata-se do aspecto *emocional* que as pessoas agregam às suas posições interpretativas. Há indivíduos que defendem ardentemente e até agressivamente uma posição deste tipo, e o embate emocionalmente carregado envolvendo dois ou mais partidos resulta numa "controvérsia científica", que muitas vezes têm desdobramentos no nível profissional e social.[3] Não utilizaremos o

---

[3] Um exemplo simples, de como duas posições cognitivamente equivalentes podem ser distinguidas com relação ao aspecto que chamei de "emocional", poderia ser a distinção entre formas de ateísmo e de panteísmo. Ambos identificam a realidade com a "natureza", mas o panteísmo escolhe associar esta natureza com o divino ao

aspecto emocional em nossa classificação das interpretações, mas consideramos pertinente destacar sua relevância.

Um exemplo interessante de como o aspecto emocional afeta o cognitivo é o seguinte. Alguns autores propõem novos formalismos para a Teoria Quântica, com conceitos novos que poderiam sugerir uma "interpretação natural" diferente. No entanto, como estes autores não estavam interessados em propor uma nova interpretação, a teoria é vista como parte da interpretação ortodoxa. Um exemplo típico é a abordagem da distribuição de Wigner (ver, por exemplo, Freyberger & Schleich, 1997), que introduz o conceito de "probabilidade negativa". A atitude positivista de Wigner foi considerar que tal conceito é meramente um instrumento matemático, mas se ele tivesse uma atitude mais realista (com relação à interpretação natural de sua abordagem), talvez pudesse defender um "realismo de potencialidades" em que tal conceito se referisse ao "grau de impossibilidade" de uma situação (Feynman, 1987). Trocando em miúdos: um estudo mais aprofundado sobre interpretações deveria considerar não apenas situações em que cientistas *declaram* estar apresentando uma nova interpretação, mas também casos em que eles não fazem isso mas que *poderiam declarar*.

2. Quatro grandes grupos interpretativos

Seguindo os comentários da seção anterior com respeito à classificação das interpretações com base nos eixos epistemológico (positivismo ou realismo) e ontológico (corpuscular, ondulatório ou dualista), podemos formar quatro grandes grupos de interpretações da teoria quântica. Dentro de cada uma delas mencionaremos uma versão "ingênua", que são utilizadas em Pessoa (2003) para um primeiro contato dos alunos com a teoria.

(1) *Interpretação Ondulatória (realista)*. Este ponto de vista considera que a função de onda quântica corresponde a uma realidade, uma realidade ondulatória ou talvez uma "potencialidade". A visão ondulatória era defendida explicitamente por Erwin Schrödinger, mas ele encontrou extrema dificuldade em dar conta dos fenômenos sem a noção de "colapso". Na versão ingênua da interpretação ondulatória, a realidade que corresponde à função de onda sofreria colapsos toda vez que ela interage com um aparelho de medição. Um problema conceitual é que tais colapsos são "não-locais", ou seja, envolvem efeitos que se propagam de maneira

---

passo que o ateísmo recusa esta associação. Poder-se-ia argumentar que não há diferenças práticas entre as duas posições, mas apenas diferenças nos conteúdos emocionais associados à noção de natureza.

instantânea (ver Einstein em Solvay, 1928, p. 254). Esta visão é próxima a de John von Neumann, só que este não associava a função de onda a uma realidade (sua postura era positivista: a função de onda representaria apenas nosso conhecimento), de forma que a não-localidade não era problemática. A interpretação dos estados relativos de Everett (1957), a da decoerência de Zeh (1993) e a das localizações espontâneas (Ghirardi *et al.*, 1986) são outros exemplos de interpretações ondulatórias realistas.

(2) *Interpretação Corpuscular (realista)*. Este é o ponto de vista segundo o qual as entidades microscópicas (ou pelo menos as possuidoras de massa de repouso) são partículas, sem uma onda associada. Esta posição foi defendida explicitamente por Alfred Landé (1965-75), dentro da interpretação dos ensembles (coletivos) estatísticos. A grande dificuldade da abordagem corpuscular é explicar os padrões de interferência obtidos em experimentos com elétrons. Apesar deste problema não ter sido satisfatoriamente superado, é muito comum encontrarmos interpretações corpusculares na literatura e também, de forma mais ingênua, entre alunos. A interpretação implícita ao se usar a Lógica Quântica é um exemplo de interpretação corpuscular.

(3) *Interpretação Dualista Realista*. Esta interpretação foi formulada originalmente por Louis de Broglie, em sua teoria da "onda piloto", e ampliada por David Bohm (1952) para incluir também o aparelho de medição. O objeto quântico se divide em duas partes: uma partícula com trajetória bem definida (mas em geral desconhecida), e uma onda associada. A probabilidade da partícula se propagar em uma certa direção depende da amplitude da onda associada, de forma que em regiões onde as ondas se cancelam, não há partícula. No nível ingênuo de um curso introdutório, esta abordagem está livre do problema da não-localidade, tendo como única dificuldade conceitual a existência de "ondas vazias", que não carregam energia. O problema da não-localidade só surge quando se consideram duas partículas correlacionadas.

(4) *Interpretação Dualista Positivista*. Esta expressão designa especialmente a interpretação da complementaridade de Niels Bohr (1928), que reconhece uma limitação em nossa capacidade de representar a realidade microscópica. Conforme o experimento, podemos usar ou uma descrição corpuscular, ou uma ondulatória, mas nunca ambas ao mesmo tempo. Isto não significa, porém, que o objeto quântico *seja* um corpúsculo ou *seja* uma onda. Segundo qualquer abordagem positivista (no contexto da física), só podemos afirmar a existência das entidades observadas. Afirmar, por exemplo, que "um elétron não-observado pode sofrer um colapso" carece de sentido. Um fenômeno ondulatório se caracteriza pela medição de um padrão de interferência, e um corpuscular pela possibilidade de inferir uma trajetória

bem definida. O aspecto pontual de toda detecção (considerada pela interpretação 2 como a maior evidência da natureza corpuscular dos objetos quânticos), que ocorre mesmo em fenômenos ondulatórios, é considerado o princípio fundamental da teoria quântica, e chamado por Bohr de "postulado quântico". Há diversas variações desta abordagem, constituindo as chamadas interpretações "ortodoxas". Mais recentemente, podemos destacar a interpretação das histórias consistentes de R.B. Griffiths (1984) e Omnès (1992).

3. Questões chave para distinguir as interpretações

Uma maneira de distinguir interpretações é anotar as respostas dadas por cada uma delas a diferentes questões. Desenvolvemos este exercício em Pessoa (2003), e abaixo apresentamos algumas das questões examinadas (em Pessoa, 1998, já examinamos estas mesmas questões, explicando com algum detalhe os experimentos com elétrons).

3.1 Experimento da dupla fenda

Como explicar o comportamento de um quantum, como um fóton ou um elétron, no experimento da dupla fenda? Por um lado, o fóton ou elétron se comporta como uma partícula ao ser detectado de maneira bem localizada; por outro, ele se comporta como uma onda, pois a probabilidade de ele incidir em cada ponto segue um padrão de interferência. Mas como é possível uma entidade ser ao mesmo tempo onda e partícula, se tais atributos são contraditórios?

Questão I: Como explicar o experimento das duas fendas para um único quantum?

(1) *Interpretação Ondulatória.* O fóton ou elétron que atravessa a fenda dupla seria na realidade uma onda, não uma partícula. Assim, fica fácil explicar o surgimento do padrão de interferência na tela. O aparecimento de um ponto na tela detectora ocorre devido a um "colapso" da onda, que durante a medição é forçada a se transformar em um "pacote de onda" bem estreito, o que tem a aparência de uma partícula pontual.

(2) *Interpretação Corpuscular.* O fóton ou elétron seria na realidade uma partícula, o que é manifesto quando o detectamos. Não existe onda associada: o padrão de interferência deve ser explicado a partir da interação do elétron com a fenda dupla.

(3) *Interpretação Dualista Realista.* Na realidade existiria a partícula (com trajetória bem definida) *e* uma onda associada (que não carrega energia), conforme postulara L. de Broglie (1926) com sua teoria da "onda piloto". A probabilidade de a partícula se propagar em uma certa direção depende da amplitude da onda associada, de forma que em regiões onde as ondas se cancelam, não há partícula.

(4) *Interpretação Dualista Positivista.* De acordo com a interpretação da complementaridade de Niels Bohr, o "fenômeno" em questão é ondulatório, e não corpuscular (não podemos inferir a trajetória passada de um quantum detectado). O aspecto corpuscular que observamos na detecção se deve ao "postulado quântico" descoberto por Max Planck, e que para Bohr é o fundamento da teoria quântica. Este postulado afirma que existe uma *descontinuidade essencial* (uma indivisibilidade) em qualquer processo atômico, como por exemplo na ionização de átomos da tela detectora.

3.2 Interferômetro de Mach-Zehnder

Ao invés de usar uma dupla fenda, é possível observar um padrão de interferência por meio de um interferômetro de Mach-Zehnder. Neste aparelho, desenvolvido para a luz (há uma versão para elétrons), divide-se o feixe em dois por meio de um espelho semi-refletor S_1, resultando nos caminhos A e B. Eles então são recombinados em outro espelho semi-refletor, S_2. O resultado, no caso de alinhamento perfeito, é que o feixe todo se junta novamente em uma certa direção D_1, ao passo que na outra direção disponível D_2 ele desaparece por completo (interferência destrutiva) (ver Pessoa, 1998; Pessoa, 2003, cap. 2).

O que acontece quando apenas *um* elétron incide no interferômetro? A teoria quântica fornece uma resposta simples: ele será detectado com probabilidade 1 (supondo detectores perfeitamente eficientes e esquecendo as perdas) em D_1 e com probabilidade 0 em D_2. Mas o que acontece quando o fóton ou elétron se encontra dentro do interferômetro, antes de ser detectado? Neste caso, cada interpretação dará uma resposta diferente.

Questão II: O que acontece quando o elétron está dentro do interferômetro?

(1) *Interpretação Ondulatória.* O elétron, que pode ser identificado com um pacote de onda propagando-se no espaço, dividir-se-ia em dois após o primeiro divisor de feixes S_1, conforme preveria a física ondulatória clássica. Esses "meio elétrons" se recombinariam então em S_2, e devido à interferência destrutiva que ocorre na direção de D_2, o pacote inteiro termina em D_1. O que falta explicar é por que nunca se detectam meio elétrons (ver seção seguinte).

(2) *Interpretação Corpuscular.* Como o elétron nunca se divide, ele ruma *ou* pelo caminho A (e nada vai pelo caminho B), *ou* por B (e nada vai por A). No entanto, se o elétron ruma com certeza pelo caminho A (o que pode ser garantido removendo-se S_1), a probabilidade de ele ser detectado em D_2 é diferente de zero; e se ele ruma por B (introduzindo-se um refletor de elétrons em S_1), a probabilidade também é diferente de zero. Porém, a probabilidade de detecção em D_2 é 0! Assim, não podemos dizer

simplesmente que o elétron foi *ou* por A *ou* por B. Uma saída sugerida para este impasse é argumentar que a lógica ao níve0l quântico é de tipo não-clássica, invalidando o raciocínio precedente.

(3) *Interpretação Dualista Realista.* Esta visão também afirma que o elétron não se divide, mas ela consegue escapar do impasse supramencionado postulando que a onda associada ao corpúsculo divide-se em dois em S_1 e recombina-se em S_2, levando à interferência. A partícula seria um "surfista" que só pode navegar onde há ondas; como as ondas se cancelam na direção de D_2, o elétron é obrigado a surfar para D_1.

(4) *Interpretação Dualista Positivista.* De acordo com a visão de Bohr, um fenômeno pode ser ondulatório ou corpuscular, nunca os dois ao mesmo tempo. O experimento examinado é um fenômeno ondulatório, e portanto *não tem sentido* perguntar onde está o elétron.

3.3 Experimento de anti-correlação

Os dois experimentos examinados anteriormente são considerados "fenômenos ondulatórios" pela interpretação da complementaridade. Vejamos agora como as diferentes interpretações explicam um fenômeno "corpuscular".

Considere um feixe de luz que incide em um *único* espelho semi-refletor S_1. Naturalmente, a luz se dividirá igualmente nos caminhos D_A ou D_B. Acontece que se tivermos um único fóton, ele será detectado em D_A *ou* em D_B. (supondo-se detectores perfeitamente eficientes), mas nunca nos dois ao mesmo tempo. Este fenômeno é chamado de "anti-correlação". Ou seja, ao ser detectado o fóton mantém sua individualidade e não tem sua energia dividida. Como as diferentes interpretações explicam este fenômeno?

Questão III: Como explicar o experimento de anti-correlação?

(1) *Interpretação Ondulatória.* Após atravessar S_1, o pacote de onda associado ao fóton se divide em dois, o que é expresso pela função de onda $\psi_A + \psi_B$. Porém, ao detectar-se o fóton em D_A, por exemplo, a probabilidades de detecção em D_B torna-se nula instantaneamente! O estado inicial é reduzido, neste caso, para ψ_A. Como, nesta interpretação, o estado corresponde a uma onda de probabilidade "real", conclui-se que ocorreu um processo de *colapso* do pacote de onda.

(2) *Interpretação Corpuscular.* Neste caso a explicação é direta: a partícula simplesmente seguiu uma das trajetórias possíveis (A ou B), indo parar nos detectores D_A ou D_B. Não é preciso falar em "colapso".

(3) *Interpretação Dualista Realista.* Esta visão também considera que, após S_1, a partícula seguiu uma das trajetórias A ou B, incidindo então no detector correspondente. Mas existiria também uma onda associada, que se dividiu em duas partes. A parte não detectada constituiria "ondas vazias"

que não carregam energia e não podem ser detectadas. Temos assim uma proliferação de entidades, mas isso não leva a nenhuma conseqüência observacional indesejável.

(4) *Interpretação Dualista Positivista*. Completada a medição, a interpretação da complementaridade consideraria este fenômeno como sendo corpuscular. O fóton pode assim ser considerado uma partícula que seguiu uma trajetória bem definida. Tal inferência com relação à trajetória passada do quantum detectado é chamada de *retrodição*. Ao examinarem o princípio de incerteza, tanto Bohr ([1928] 1934, p. 66) quanto Heisenberg (1930, pp. 20, 25) salientaram que a retrodição é uma hipótese metafísica, que não precisa ser aceita (apesar de sua aceitação não levar a contradições); no entanto, ao definir um "fenômeno", Bohr acabou fazendo uso implícito desta hipótese.

3.4 O estado quântico

Um conceito central a ser interpretado é o de "estado" $|\psi\rangle$. A que se refere este conceito teórico? Vejamos como cada visão aborda esta questão.

Questão IV: A que se refere o estado quântico?

(1) *Interpretação Ondulatória*. Interpreta $|\psi\rangle$ de maneira "literal", atribuindo realidade ao estado ou à função de onda, e sem postular que exista nada além do que descreve o formalismo quântico. Mas que espécie de realidade é essa? Não é uma realidade "atualizada", que possamos observar diretamente. É uma realidade intermediária, uma *potencialidade*, que estabelece apenas probabilidades, mas que mesmo assim evolui no tempo como uma onda. O maior problema desta interpretação de estado é que, para N objetos quânticos, a função de onda é definida num espaço de configurações de $3N$ dimensões: o que significaria uma realidade com $3N$ dimensões?

(2) *Interpretação Corpuscular*. O estado $|\psi\rangle$ seria uma descrição essencialmente estatística, que representa a média sobre todas as posições possíveis da partícula. Em linguagem técnica, o estado representa um coletivo ou ensemble estatístico, associado a um procedimento de preparação experimental. Assim, esta visão considera que o estado quântico representa uma descrição *incompleta* de um objeto individual.

(3) *Interpretação Dualista Realista*. Considera que existam "variáveis ocultas" por trás da descrição em termos de estados, variáveis essas que são as posições e velocidades das partículas. O estado $|\psi\rangle$ exprimiria um campo real em 3 dimensões que "guia" as partículas. Essa "onda piloto", porém, não carregaria energia, que se concentraria na partícula. A descrição através do estado quântico seria incompleta, só se completando com a introdução dos parâmetros ocultos.

(4) *Interpretação Dualista Positivista*. Considera que o estado $|\psi\rangle$ é meramente um instrumento matemático para realizar cálculos e obter previsões (esta visão chama-se "instrumentalismo"). Heisenberg ([1958] 1981, p. 25) exprimiu isso de maneira radical ao escrever que a mudança descontínua na função de probabilidade é "uma mudança descontínua em nosso conhecimento", o que constitui uma visão *epistêmica* do estado quântico. A interpretação dos coletivos estatísticos (o item 2 acima) também compartilha desta visão; a diferença, porém, está em que a interpretação da complementaridade considera que o estado quântico seja a descrição mais "completa" de um objeto quântico individual. Ênfase também é dada ao *relacionismo*: a realidade de um fenômeno quântico só existe na relação entre objeto microscópico e aparelho de medição.

3.5 Medições em física quântica

O historiador da ciência Max Jammer defende a tese de que Bohr, antes de adotar a posição relacionista, tinha uma concepção de "interacionalista": em geral, uma partícula só passa a ter um valor bem definido p_x de momento (por exemplo) após ela ter interagido com o aparelho de medição e o resultado p_x ter sido obtido. Pascual Jordan (1934) exprimiu isso de maneira mais radical: "nós mesmos produzimos os resultados da medição" (ver Jammer, 1974, p. 161).

Existe um certo consenso que a grandeza que é diretamente medida, tanto em medições na Física Clássica quanto Quântica, é a *posição* (velocidade, momento, etc. seriam medidos indiretamente a partir de medições de posição). Vejamos nesta seção como as diferentes interpretações encaram a medição de uma grandeza como a posição x.

Questão V: O que se pode dizer sobre a existência prévia de um valor medido de posição x?

(1) *Interpretação Ondulatória*. No caso em que um objeto quântico encontra-se em uma superposição de autoestados de posição (ou seja, a função de onda $\psi(x)$ não é fortemente centrada em torno de um valor de x), não se pode atribuir um valor bem definido para a posição. Após a medição, supondo-se que o valor x_0 foi obtido, ocorre um colapso da onda espalhada para uma onda fortemente centrada em torno de x_0 (segundo o postulado da projeção). Após a medição, então, pode-se atribuir um valor bem definido para a posição, mas não antes.

(2) *Interpretação Corpuscular*. Nesta interpretação, é usual aceitar-se que as medições de posição são *fidedignas*: elas revelam o valor da posição possuído pela partícula antes do processo de medição. Além disso, logo após a medição a posição da partícula permanece a mesma. No entanto, para explicar adequadamente experimentos em que observáveis incompatíveis

são medidos em sucessão, é preciso admitir que a medição de posição provoca um *distúrbio* incontrolável e imprevisível no momento da partícula. Esta, de fato, foi a interpretação adotada por Heisenberg em sua derivação semi-clássica do princípio de incerteza (ver na seção seguinte).

(3) *Interpretação Dualista Realista*. Segundo esta visão, medições de posição são fidedignas, revelando o valor possuído antes da medição. Tal medição provoca uma alteração instantânea na onda associada, o que afeta o momento de maneira imprevisível (a alteração na onda dependeria do estado microscópico do aparelho de medição, o que nunca é conhecido pelo cientista).

(4) *Interpretação Dualista Positivista*. Para uma interpretação que tende a atribuir realidade apenas para o que é observado, a rigor não faz sentido perguntar qual era a posição de uma partícula antes da medição. Isto é expresso no "interacionalismo" mencionado acima, com a citação de Jordan. Porém, em sua versão "relacionista", a interpretação da complementaridade acaba adotando a retrodição. Neste caso, então, é plausível dizer, *após* a detecção de um quanta em uma certa posição x_0 (tanto para fenômenos corpusculares quanto ondulatórios), que a posição do objeto quântico logo antes da medição era x_0 (mas *antes* da medição é incorreto dizer que "ele tem uma posição bem definida, mas desconhecida", pois o detector pode ser subitamente removido e uma interferência entre os diferentes caminhos pode ser provocada).

3.6 Interpretações do princípio de incerteza

Para finalizar este capítulo, examinemos como os diferentes grupos interpretativos encaram as *relações de incerteza* para pares de grandezas "incompatíveis", derivadas originalmente em 1927 por Heisenberg. Para simplificar a discussão, consideraremos a relação envolvendo posição x e o componente do momento p_x: $\Delta x \cdot \Delta p_x \geq \hbar/2$.

Questão VI: O que significa a relação de incerteza?

(1) *Interpretação Ondulatória*. Atribuindo uma realidade apenas para o pacote de onda (sem postular a existência de partículas pontuais), Δx mede a extensão do pacote, indicando que a posição x do objeto quântico é indeterminada ou mal definida por uma quantidade Δx. A relação exprime assim um princípio de *indeterminação*: se x for bem definido, p_x é mal definido, e vice-versa.

(2) *Interpretação Corpuscular*. Os proponentes da interpretação dos coletivos estatísticos tendem a afirmar que é possível conhecer simultaneamente x e p_x com boa resolução. Uma maneira de fazer isso, para uma partícula livre, seria primeiro medir p_x, supor que esta se conserva (pois é uma variável de "não-demolição"), e depois medir x. Fazendo uso da hipótese de que a medição de

posição é fidedigna (ver seção anterior, item 2), ter-se-iam valores simultaneamante bem definidos para x e p_x, logo antes da segunda medição! Desta forma, segundo esta interpretação, o princípio de incerteza não proibiria a existência de valores simultâneos bem definidos para uma mesma partícula. O que ocorreria (segundo argumentou Margenau, 1937, p. 361) é que se preparamos o mesmo estado quântico $|\psi\rangle$ várias vezes, e medirmos p_x e x para cada preparação, obteremos valores que variam de uma medição para outra. Ao colocar estes valores em um histograma de x e p_x, obter-se-ão os desvios padrões Δx e Δp_x. Assim, o princípio de incerteza seria exclusivamente uma tese estatística, ao contrário do que afirmam as outras interpretações, que também aplicam este princípio para casos individuais (ver também Ballentine, 1970).

(3) *Interpretação Dualista Realista*. Segundo esta visão, a partícula tem sempre x e p_x bem definidos simultaneamente, só que tais valores são desconhecidos. Se medirmos x com boa *resolução*, teremos necessariamente uma *incerteza* ou desconhecimento grande para p_x, pois a medição de x por um aparelho macroscópico provoca um distúrbio incontrolável no valor de p_x . Com relação ao princípio da incerteza, esta interpretação é bastante próxima da visão corpuscular vista acima.

(4) *Interpretação Dualista Positivista*. Vimos que um fenômeno não pode ser corpuscular e ondulatório ao mesmo tempo. De maneira análoga, é impossível medir simultaneamente x e p_x com resoluções menores do que Δx e Δp_x dados pela relação de incerteza. Esta tese parece correta, conforme mencionamos no item 2. Curiosamente, o argumento original de Heisenberg para justificar as relações de incerteza, por meio de um microscópio de raios gama, pode ser enquadrado nas interpretações 2 ou 3 (sendo por isso às vezes chamado de argumento "semi-clássico"). Mas como ele defendia uma tese *positivista*, segundo a qual só tem realidade aquilo que é observável, ele pôde concluir neste caso (após a determinação da posição) que "não tem sentido" falar em uma partícula com momento bem definido.

4. As principais interpretações da teoria quântica

Dividimos as interpretações da Teoria Quântica em quatro grandes grupos, segundo dois critérios: (i) *Ontologia*: qual é a natureza última da realidade física? Corpúsculos, ondas ou algum tipo de dualismo? (ii) *Epistemologia*: até que ponto a teoria descreve essa realidade? Ela só descreve a realidade que podemos observar e medir (positivismo) ou seus conceitos teóricos também representam corretamente (ou deveriam representar) uma realidade por trás das observações (realismo)?

Os quatro grupos de interpretações que obtivemos foram: (1) Ondulatória, (2) Corpuscular, (3) Dualista Realista e (4) Dualista Positivista. As interpretações ondulatórias e corpusculares tendem a ser realistas, mas elas também apresentam versões mais positivistas, e a transição entre os diferentes grupos acaba sendo bastante suave, como veremos. Iniciemos fazendo uma comparação entre a divisão apresentada aqui e as classificações usuais das interpretações.

Nos capítulos de seu famoso livro sobre a Filosofia da Mecânica Quântica, Max Jammer (1974) nos apresenta cinco grupos de interpretações: (*i*) as semi-clássicas pioneiras, (*ii*) a da complementaridade, (*iii*) as teorias de varíaveis ocultas, (*iv*) as estocásticas e (*v*) as estatísticas. Pode-se também adicionar uma sugestão de Redhead (1987, cap. 2) e de outros: (*vi*) as de potencialidade.

4.1 As primeiras teorias semi-clássicas

As teorias *semi-clássicas* pioneiras consideradas por Jammer são interpretações realistas que surgiram entre 1926-27. Elas envolvem basicamente o que chamamos de interpretações ondulatória e dualista. As ondulatórias incluem a visão eletromagnética inicial de E. Schrödinger (1926) e a interpretação hidrodinâmica de E. Madelung (1926), esta subseqüentemente desenvolvida por outros, inclusive o brasileiro Mário Schönberg (1954). Uma das dualistas consiste da teoria da onda piloto de L. de Broglie (1926), abandonada no ano seguinte e retomada em 1952.

Entre as teorias semi-clássicas, Jammer também inclui a interpretação probabilista inicial de Max Born (1926), segundo a qual $|\psi(r)|^2$ exprime a *probabilidade* de se encontrar *uma partícula clássica* em uma certa região. Para explicar os fenômenos de interferência, tal partícula seria acompanhada de um "campo fantasma" (termo usado por Einstein), uma "onda de probabilidade" que se propagaria no espaço. Isso torna sua visão dualista, apesar de Jammer preferir vê-la como corpuscular.

Subseqüentemente, esta interpretação de Born foi enfraquecida, e $|\psi(r)|^2$ passou a exprimir a probabilidade de se *medir* um quantum por meio de um detector localizado em uma certa região. Por ter sido incorporada no formalismo mínimo da Teoria Quântica, chamamos esta tese de "regra de Born" (e não "interpretação probabilista de Born"). A rigor, a regra de Born não deveria se referir nem a "probabilidade", mas sim a "freqüência relativa", que é o dado diretamente observável na base empírica. Considerar que a freqüência relativa medida é uma "probabilidade" é, estritamente falando, uma *interpretação* do formalismo. Aceitando-se esta interpretação da Teoria Quântica (o que é usual), chega-se a diferentes visões do mundo quântico, conforme a interpretação adotada para a noção de probabilidade (dentro da Teoria das Probabilidades).

4.2 A interpretação da complementaridade

A interpretação tida como a mais aceita entre os físicos é a *interpretação da complementaridade* desenvolvida por Niels Bohr no período 1927-35, e cujas teses foram expostas acima como representando o dualismo positivista. Ela é também conhecida como interpretação de Copenhague, cidade de Bohr onde Heisenberg trabalhava na época, e onde Pauli se reuniu com eles em junho de 1927 para conciliar suas opiniões divergentes. Heisenberg havia escrito seu famoso artigo sobre o princípio da incerteza enfatizando uma interpretação corpuscular. Bohr, que desenvolvera sua idéia de complementaridade durante uma viagem para esquiar na Noruega em março, encontrou diversos erros no artigo, e salientava que tanto o quadro ondulatório quanto o corpuscular eram necessários para derivar o princípio da incerteza. Pauli e Bohr acabaram convencendo Heisenberg que a complementaridade era consistente com o princípio de incerteza, e assim nasceu a nova interpretação que logo adquiriria o consenso da comunidade dos físicos, deixando para trás as visões semi-clássicas mencionadas na seção anterior.

O *princípio da complementaridade* afirma que um experimento pode ser representado ou num quadro corpuscular, ou num quadro ondulatório, conforme a situação. Dizer que estes quadros são complementares significa que eles são mutuamente excludentes, mas juntos exaurem a descrição do objeto atômico. Um experimento se enquadra numa representação corpuscular se for possível inferir as trajetórias dos quanta detectados. Ele se enquadra numa representação ondulatória se apresentar um padrão de interferência. É uma tese empírica (ou seja, uma tese cuja aceitação independe da interpretação adotada) que um mesmo arranjo experimental não pode exibir padrões de interferência claros e trajetórias sem ambigüidade (ver Pessoa 1998).

Por que não seria possível abarcar um objeto quântico em um quadro mais geral e único? Porque, segundo Bohr, estamos limitados à linguagem da Física Clássica, a linguagem que usamos para comunicar aos outros como é um arranjo experimental e quais são os resultados das medições, a linguagem que descreve o mundo macroscópico. Precisamos de aparelhos descritíveis em linguagem clássica para ter acesso ao mundo quântico. ¿Isso implicaria no *macro-realismo*, ou seja, a tese de que objetos macroscópicos (como o gato de Schrödinger) não podem exibir propriedades quânticas? Não necessariamente: o que Bohr defende é que é sempre preciso um aparelho clássico para medir propriedades quânticas, mas partes deste aparelho podem ser tratadas como um sistema quântico.

Conforme mencionamos na seção 3.1, o ponto de partida de Bohr foi o "postulado quântico", que atribui a qualquer processo atômico uma "descontinuidade essencial" ou "individualidade". Segundo Bohr, uma conseqüência disto é a impossibilidade de controlar ou prever os distúrbios provocados no objeto quântico pela interação com o aparelho de medição.

Em 1935, Einstein, Podolsky & Rosen (EPR) publicaram seu famoso artigo em que argumentavam que a Mecânica Quântica é uma teoria incompleta (tese esta compartilhada pela interpretação dos coletivos estatísticos). O argumento envolvia um par de partículas correlacionadas que se encontravam a uma certa distância entre si. Supondo que as operações de medição em uma das partículas não poderiam afetar instantaneamente a outra partícula (a tese de *localidade*), concluíram que haveria elementos de realidade os quais a Teoria Quântica não conseguiria descrever (por isso seria incompleta).

Para responder a EPR, Bohr foi obrigado a refinar sua interpretação, passando a dar ênfase à *totalidade* que engloba o arranjo experimental e objeto quântico, cunhando o termo "fenômeno" para se referir a uma instância desta totalidade. Assim, mesmo que uma aparelhagem possua partes separadas a grandes distâncias entre si, uma alteração em uma dessas partes modificaria a totalidade do fenômeno, modificando os elementos da realidade. Não haveria assim elementos da realidade não descritos pela Mecânica Quântica: a teoria seria completa. A essência do argumento de Bohr parece ter sido justamente a rejeição (não muito explícita) da noção de localidade de Einstein, por meio de sua concepção de totalidade (ver Bohr 1949). A alteração de uma parte distante do aparelho resultaria numa modificação instantânea da função de onda global, que envolve as partes distantes. Porém, como a função de onda não se refere à realidade (segundo esta interpretação), isso não violaria de maneira explícita a suposição da localidade (apenas com Bohm, em 1952, é que tal tese viria a ser explicitamente questionada).

Ao responder a EPR, portanto, Bohr passou a priorizar a totalidade envolvendo aparelho e objeto, resultando numa concepção "relacionalista", segundo o qual o estado quântico é definido pela relação entre o objeto quântico e o aparelho de medição inteiro.

Na seção 4.7 examinaremos estas e outras nuanças de opinião entre os fundadores da Mecânica Quântica, formando o agrupamento de visões que constituem *interpretações ortodoxas*.

4.3 Teorias de Variáveis Ocultas

As *teorias de variáveis ocultas* são propostas que introduzem parâmetros adicionais à Teoria Quântica, parâmetros esses que não são diretamente observáveis, mas cujos valores determinam univocamente o resultado de uma medição e, na média, fornecem os valores esperados da Mecânica Quântica. Segundo Jammer, o russo J.I. Frenkel, assistente de Born, teria esboçado uma interpretação deste tipo em 1926. Em 1932, von Neumann apresentou sua famosa prova da impossibilidade de variáveis ocultas, prova esta que não abarcava todas as possibilidades de teorias de variáveis ocultas, conforme mostraria J.S. Bell apenas em 1966. A prova de von Neumann não considerava, entre outras coisas, a possibilidade das variáveis ocultas pertencerem ao aparelho de medição.

Foi justamente essa propriedade (chamada de *contextualismo*) que viabilizou a interpretação dualista realista de David Bohm (1952). Escrevendo a função de onda como $\psi(x) = R(x) \exp[iS(x)/\hbar]$, onde S e R são funções reais, Bohm supôs que $\psi(x)$ descrevesse um "coletivo" (*ensemble*) de partículas com posição x e momento dado por $p = \nabla S(x)$. Posição e momento seriam assim as variáveis ocultas de sua interpretação. Obteve então a equação de movimento newtoniana, $ma = -\nabla V(x)$, onde o potencial $V(x)$ é a soma de um potencial clássico e do *potencial quântico* U(x), que tem a seguinte forma: $U(x) = -(\hbar^2/2m) \nabla^2 R(x)/R(x)$. Note que mesmo que o módulo R da função de onda tenha um valor pequeno (correspondendo a um rabo longínquo de ψ), o potencial tem um valor apreciável (já que R aparece tanto no numerador quanto no denominador). O potencial U(x), que exprime o aspecto ondulatório do modelo, tem a propriedade de ser "não-local" (ou seja, age de maneira instantânea mesmo a longas distâncias), além de não possuir uma fonte bem definida. Mais recentemente, houve um renascimento do interesse na "mecânica bohmiana", só que o potencial quântico passou a ser encarado de maneira não-realista, como uma hipótese desnecessária (ver Cushing *et al.*, 1996).

A *interpretação da onda piloto* proposta por L. de Broglie em 1926-27 é formalmente igual à de Bohm para uma partícula, mas difere para mais partículas. Para de Broglie, a partícula é considerada uma "singularidade" do seu próprio campo ψ (comportando-se como um sóliton), e as ondas deste campo se propagam no espaço físico de 3-dimensões, e não no espaço de configurações, como para Bohm. Uma conseqüência experimental desta interpretação foi proposta por Croca *et al.* em 1990, mas sua previsão foi refutada por Wang, Zou & Mandel (1991), o que derrubou a interpretação da onda piloto no espaço tridimensional.

Interpretações que introduzem variáveis ocultas podem ser corpusculares, ondulatórias ou dualistas, ou podem até não ter nenhuma interpretação física. A teoria de Bohm & Bub (1966), por exemplo, introduz um espaço de Hilbert adicional (sem interpretação física), sendo que o vetor deste espaço (distribuído aleatoriamente) é a variável oculta (ver Belinfante, 1973).

4.4 Interpretações estocásticas

As *interpretações estocásticas* são teorias de variáveis ocultas que se caracterizam por inspirarem-se na teoria do movimento browniano, e no fato de que a equação de Schrödinger é formalmente igual a uma equação de difusão com coeficiente imaginário. Tais teorias são essencialmente classicistas, sendo em geral corpusculares e procurando ser locais. Para F. Bopp (1954), as ondas materiais da Física Quântica são resultado do movimento coletivo de partículas submicroscópicas (como no caso do som). Mais recentemente, a chamada "eletrodinâmica estocástica" tem mantido a ontologia corpuscular para partículas com massa, mas considera a luz como uma onda clássica cujas condições de contorno incluem flutuações do vácuo eletromagnético (Boyer, 1975). Geralmente tais interpretações conseguem derivar a equação de Schrödinger, mas têm dificuldade em explicar o processo de medição (ver resenha em Ghirardi *et al.*, 1978).

4.5 Interpretação dos coletivos estatísticos

As interpretações estatísticas, ou *dos coletivos estatísticos*, defendem que a função de onda não se refere a um sistema individual, mas sim a um coletivo (ensemble) de sistemas preparados de maneira semelhante. Os norte-americanos J. Slater (1929) e E. Kemble (1937) defenderam tal posição, que se tornou bastante popular na União Soviética (Blokhintsev), como forma de reação contra o subjetivismo das interpretações ortodoxas. K. Popper, H. Margenau e A. Landé são outros defensores desta linha, sendo que o último declarava explicitamente: "Partículas, sim! Ondas, não!". A noção de "dualidade onda-partícula", assim como a de "colapso do pacote de onda", são rejeitadas nesta visão corpuscularista.

L. Ballentine, em um influente trabalho de 1970, defendeu que a interpretação dos coletivos estatísticos não precisa se comprometer com uma ontologia, o que levou à distinção entre: (*i*) uma *interpretação "mínima" dos coletivos*, que agrega ao formalismo mínimo da teoria apenas a tese de que o estado representa um coletivo, sendo que a natureza dos elementos deste coletivo é deixada em aberto; (*ii*) e uma interpretação envolvendo variáveis ocultas (em geral corpuscular), que alguns chamam de *interpretação dos coletivos com valores intrínsecos*. Esta última é claramente realista, enquanto que a primeira é mais positivista (como exemplo de uma interpretação positivista dos coletivos, ver Park, 1973).

Talvez o aspecto mais sedutor da interpretação dos coletivos seja sua análise do princípio de incerteza, que apresentamos na seção 3.6.

A maior dificuldade de qualquer visão corpuscular é explicar experimentos de interferência. Landé (1965-75) argumentou que isso é possível a partir da antiga proposta de W. Duane (1923), segundo a qual ocorreria uma transferência discreta de momento da rede cristalina (que constitui o anteparo difrator) para a partícula (que é difratada), transferência esta que depende da presença de fendas no anteparo. Tal explicação, porém, não funciona para experimentos de interferência sem anteparos rígidos, como o biprisma eletrônico (conforme apontado por R. Rosa; ver Home & Whitaker, 1992).

4.6 Interpretações de potencialidade

Michael Redhead (1987) agrupa as interpretações da Mecânica Quântica em três grupos principais, de acordo com a resposta a seguinte questão (comparar com a seção 3.5): o que se pode dizer sobre o valor de um observável Q, quando o sistema não está em um autoestado do operador correspondente? (Visão A:) As teorias de variáveis ocultas defendem que Q tem um valor bem definido, mas desconhecido. (Visão C:) A complementaridade afirma que o valor de Q não é definido ou é "sem sentido". (Visão B:) O último grupo propõe que Q tem um valor mal definido, difuso, borrado, "fuzzy".

O que esta visão B propõe, segundo Redhead, é que na realidade o sistema não possui valores definidos, mas sim propensões ou *potencialidades* para produzir diferentes resultados de medição. Esta noção aristotélica de potencialidades que são atualizadas durante medições aparece na década de 50 nos escritos de Heisenberg, que podemos enquadrar na interpretação ortodoxa. Esta idéia também é formulada por Margenau (1954), com suas grandezas "latentes" (interpretação dos coletivos). Redhead conclui que esta visão é realista.

Esta noção de potencialidade ou realidade intermediária também pode ser atribuída às interpretações que chamamos de "ondulatória". Argumentaremos mais adiante (seção 4.8) que esta é uma importante classe de interpretações, mas livros como o de Jammer (1974) tendem a omitir este agrupamento (Jammer descreve algumas destas interpretações em diferentes capítulos do seu livro). A noção de potencialidade também se identifica com a "ordem implicada" proposta mais recentemente por David Bohm.

É curioso que diferentes classes de interpretações (o que chamamos de corpuscular, ondulatória e dualista positivista) fazem uso dessa noção de potencialidade ou realidade potencial.

4.7 As interpretações ortodoxas

Examinaremos agora as nuanças que existem entre diferentes interpretações usualmente classificadas como "ortodoxas". Em geral elas têm um compromisso com o *dualismo*, mas as fronteiras com as interpretações corpusculares, de um lado, e ondulatórias, de outro, são um tanto quanto difusas. A maioria apresenta também uma postura *positivista*, mas novamente a fronteira com o dualismo realista é suave.

(a) *Interpretação da Complementaridade.* Esta é a "interpretação de Copenhague" defendida por Bohr desde 1927, e com uma maior ênfase no relacionismo a partir de 1935 (ver seção 4.2). Pauli e Rosenfeld se mantinham bastante próximos desta posição, Heisenberg e Born um pouco mais distantes. O positivismo adotado impede que se atribua um tipo de fenômeno (onda ou partícula) a um experimento antes que a medição se complete. Porém, após a medição, Bohr aceitava o uso da retrodição.

(b) *Interpretação Ondulatória Positivista.* Este termo se refere à postura adotada por von Neumann (1932), por Wigner (1963), e por boa parte dos físicos teóricos. Ênfase é dada ao vetor de estado $|\psi\rangle$, que é reduzido (sofre colapsos) após medições; até mesmo o aparelho de medição é descrito por um vetor de estado. Esta posição é às vezes chamada de "interpretação de Princeton". Ela não atribui explicitamente realidade a $|\psi\rangle$ (neste sentido, é positivista), mas os cálculos são feitos como se $|\psi\rangle$ correspondesse a uma realidade.

(c) *Interpretação Subjetivista.* Esta é a abordagem adotada por London & Bauer (1939), defendida ocasionalmente por Wigner (1962) e alguns outros (como Jeans, Eddington e Heitler), e ressurgida na década de 90 (por exemplo, com H. Stapp). Adotando uma visão ondulatória, argumenta que a consciência humana é responsável pelo colapso. Nas palavras de London & Bauer: "a transformação irreversível no estado do objeto medido" seria devida à "faculdade de introspecção" ou ao "conhecimento imanente" que o observador consciente tem de seu próprio estado. Esta postura é um desdobramento de (b), sendo que $|\psi\rangle$ pode ser tratado como algo real. Neste caso, não é uma visão positivista (descritivista), mas é idealista, no sentido de que a realidade descrita pela Mecânica Quântica depende da presença de um observador humano.

(d) *Interpretação Macrorealista da Complementaridade.* A escola russa que defendeu a complementaridade (Fock, 1957, e Landau, segundo Bell, 1990, seção 6) não aceitava a postura de Bohr e von Neumann, segundo a qual a fronteira entre os mundos quântico e clássico podia ser traçada em qualquer ponto na cadeia ligando o objeto ao *observador* ("paralelismo psicofísico"). De maneira mais objetiva, esta escola russa atribuía propriedades clássicas a objetos macroscópicos em geral. Uma posição próxima foi defendida por Ludwig (1961), que postulou que, para corpos macroscópicos, correções não-lineares para a equação de Schrödinger imporiam um comportamento clássico.

(e) *Interpretação "Eclética".* Jammer (1974, p. 68) atribui a Heisenberg a seguinte postura, no início de 1927: tanto uma interpretação exclusivamente corpuscular quanto uma exclusivamente ondulatória poderiam ser associadas ao formalismo quântico. Em 1930, Heisenberg ainda pensava segundo cada um destes quadros, mas já sublinhava que cada qual tinha suas limitações. Esse ecletismo é às vezes adotado em Teoria Quântica de Campos para explicar o sucesso tanto da abordagem corpuscular de Feynman quanto a ondulatória de Schwinger.

(f) *Leituras Realistas da Complementaridade.* Este é um caminho a ser explorado no futuro. Em 1927-28, Bohr apresentou o princípio da complementaridade opondo "definição" (um estado puro de um sistema fechado) e "observação" (uma medição torna o sistema aberto e introduz o indeterminismo). Abandonou esta caracterização, porém, por que não fazia sentido para o positivismo se referir a um sistema não-observado. Leituras realistas, porém, podem retomar este tipo de complementaridade. David Bohm, em seu livro-texto de 1951, fez também uma leitura mais realista da complementaridade (fracassando em alguns pontos), salientando que a imprevisibilidade está ligada ao acoplamento do objeto quântico ao universo como um todo (durante a medição). Em outra direção, leituras realistas da complementaridade levam a situações paradoxais, como a afirmação de que "o fóton sabe qual será o arranjo experimental no futuro", o que serve para aumentar o mistério da Teoria Quântica aos olhos do grande público. John Wheeler faz este tipo de leitura realista da complementaridade, concluindo (no experimento de escolha demorada, devido à retrodição) que "o passado não tem existência enquanto ele não é registrado no presente" (Wheeler 1983, p. 194).

(g) *Instrumentalismo radical.* Numa revisão de possíveis interpretações para o problema da medição, Wigner (1983) mencionou a visão segundo a qual o objetivo da Mecânica Quântica não seria descrever uma realidade, mas sim apenas fornecer correlações estatísticas entre observações seguidas. Este ponto de vista "instrumentalista" é bastante comum entre os físicos, levando ao extremo o positivismo da interpretação ortodoxa e a visão epistêmica do estado quântico. J. Park (1973), um discípulo de Margenau, chegou a esta posição a partir da interpretação dos coletivos estatísticos: "a Mecânica Quântica é uma teoria sobre a estatística de resultados de medições".

(h) *Interpretação Estroboscópica*. Dentro desta linha radical encontra-se uma interpretação corpuscular *estroboscópica*, segundo a qual as partículas da natureza dão saltos descontínuos de uma posição para outra, conforme o registro macroscópico que é deixado, por exemplo, em uma câmara de nuvem de Wilson. Heisenberg (1927, p. 63) discute esta possibilidade, salientando que neste caso a velocidade instantânea não é definida (ver também Bohm, 1951, p. 144-8).

(i) *Interpretação da Matriz-S*. Outra versão instrumentalista é a interpretação dada pela Teoria da Matriz-S. Esta abordagem descreve processos de espalhamento considerando apenas os estados assintóticos inicial e final, e a matriz-S que relaciona um ao outro. Sob certas condições, mostra-se que esta abordagem é idêntica à aplicação da equação de Schrödinger, tendo porém a vantagem de ser facilmente estendida para o domínio relativístico (Stapp, 1971).

(j) *Interpretação da Soma sobre Histórias*. Em 1948, Feynman apresentou sua abordagem da "soma sobre histórias", desenvolvida em Teoria Quântica de Campos Relativísticos, como uma nova interpretação da Teoria Quântica. Uma partícula percorreria todas as trajetórias possíveis, e a função de onda seria a soma destas amplitudes (histórias). Esta abordagem salienta o quadro corpuscular, mas vale a pena investigar até que ponto ela é uma visão não-ondulatória.

4.8 Interpretações ondulatórias

As visões ondulatórias consideram que o estado quântico corresponde a algum tipo de realidade (ao contrário das ortodoxas), e negam que existam partículas pontuais que seguem trajetórias contínuas. Assim, em comum com a interpretação da complementaridade, e ao contrário das interpretações dos coletivos estatísticos, estocástica e dualista realista, aceitam que a descrição por meio do estado quântico é completa, e que sistemas preparados no mesmo estado são de fato idênticos.

Max Born, em certa ocasião, defendeu a realidade de $|\psi\rangle$ ao escrever: "Eu pessoalmente gosto de considerar uma onda de probabilidade, mesmo no espaço 3N-dimensional, como uma coisa real, como certamente mais do que um instrumento para cálculos matemáticos. Pois ele tem a característica de um invariante de observação" (Born, 1949, pp. 105-6). Em contrapartida, mas por esta mesma razão, Heisenberg ([1958] 1981, p. 78) prefere considerar a onda ψ como algo "objetivo", mas não "real".

Nos últimos anos, tem aumentado o número de propostas interpretativas condizentes com a visão ondulatória de que a função de onda corresponde a uma realidade (apesar de um estado não poder ser determinado a partir de uma única medição). Um argumento positivista usado contra esta visão é que não se pode atribuir realidade a ψ porque seria impossível determinar o estado quântico a partir de uma única medição. Tentando refutar este argumento, Aharonov et al. (1993) propuseram uma nova classe de medições, chamadas "protetoras", que permitiriam determinar o estado quântico. Tal proposta, no entanto, tem sido bastante criticada.

Façamos agora um apanhado da tradição de interpretações ondulatórias, que tem sido pouco estudada (um representante da qual já examinamos).

(a) *Interpretação Eletromagnética.* Na proposta original de Schrödinger (mencionada na seção 4.1.), $e|\langle\psi_i|\psi\rangle|^2$ representaria uma densidade de carga clássica (onde e é a carga total do sistema), de forma que teríamos "ondas materiais" e não "ondas de probabilidade". Tais ondas se propagariam de maneira determinista, resgatando a visualização clássica. Partículas seriam na verdade pacotes de onda.

Os argumentos colocados na época que minaram esta proposta foram: (*i*) *Alta dimensionalidade de ψ.* Para N partículas, $|\psi\rangle$ é definido no espaço de configurações de $3N$ dimensões. Como interpretar isso? (*ii*) *Partículas como pacotes de onda.* Pacotes de onda se dispersam com o passar do tempo, ao contrário do que ocorre no caso especial examinado por Schrödinger do oscilador harmônico quântico. (*iii*) *Discretização em processos atômicos.* Como explicar os saltos quânticos, a quantização de carga, e como associar freqüências atômicas discretas a energias discretas ($E = h\nu$)? (*iv*) *Redução de estado na medição.* Como explicar o aparente colapso que ocorre durante medições, expresso pelo postulado da projeção, e a não-localidade envolvida?

Mais recentemente, alguns autores têm reexaminado a proposta original de Schrödinger, e oferecido soluções para os problemas mencionados acima (Dorling, 1987; Barut, 1988). Mencionaremos algumas destas soluções mais adiante.

(b) *Interpretação Hidrodinâmica.* Partindo da equação de Schrödinger e escrevendo $\langle\psi_i|\psi\rangle = \alpha\,e^{\beta}$, Madelung (1926) obteve uma equação hidrodinâmica para α, sugerindo assim que um fluido com carga e massa distribuídos compõe a estrutura básica do mundo. Esta abordagem seria retomada por Bohm (1952), que adicionou porém uma partícula. Bohm & Vigier (1954) apresentaram um modelo hidrodinâmico no qual o fluido estaria acoplado a flutuações estocásticas em um nível subquântico (ver Jammer, 1974, pp. 33-8, 49-54).

(c) *Interpretação Ingênua com Colapsos.* Uma visão ondulatória realista pode ser obtida adaptando-se a interpretação positivista de von Neumann (seção 4.7b). Neste caso, os colapsos seriam processos reais, cuja causa pode estar associada a ressonâncias devidas à interação do aparelho com o ambiente, ou simplesmente aceitos de maneira *ad hoc*. Haveria não-localidade tanto no processo de colapso quanto nas medições em partículas correlacionadas do teorema de Bell.

(d) *Interpretação dos Estados Relativos*. Em 1957, H. Everett postulou que o universo como um todo seria descrito por uma única função de onda que evolui deterministicamente, de acordo com a equação de Schrödinger. O aparente colapso associado a medições seria na verdade uma ilusão, ligada ao fato que nosso cérebro também se acopla aos objetos quânticos. O cérebro entraria em uma superposição de estados associados a diferentes leituras dos resultados das medições, e cada um destas "configurações de memória" não teria acesso às outras. O mundo se ramificaria assim em muitos mundos paralelos durante cada ato de medição. Apesar do aparente absurdo desta interpretação, ela despertou bastante interesse em torno de 1970 (DeWitt, 1970), e hoje em dia voltou a adquirir uma certa popularidade.

(e) *Interpretação Ondulatória com Decoerência*. A abordagem da "decoerência" procura explicar o surgimento de um comportamento clássico em um sistema quântico (por exemplo, após medições) a partir da interação entre objeto, aparelho e ambiente. Autores como Zurek se colocam mais próximos da interpretação da complementaridade, enquanto outros como Zeh & Joos adotam uma visão ondulatória. É de Zeh (1993) o seguinte lema: "Não há saltos quânticos, nem há partículas!". A abordagem destes autores oferece uma solução ao problema (*ii*) mencionado no item (*a*) acima: à medida que um pacote de onda livre vai se dispersando, choques com outras partículas induzem uma "localização" do sistema (que deixa porém de ser um estado puro).

(f) *Interpretação da Localização Espontânea*. Ghirardi *et al.* (1987) e também Gisin & Percival (1992) têm atribuído realidade à função de onda, mas supõem que o processo de colapso (para um pacote de onda estreitamente centrado em torno de uma posição) seja espontâneo ou estocástico (o que coloca esta corrente também dentro das interpretações estocásticas). Para eliminar o subjetivismo, supõem que todas as partículas têm uma probabilidade muito pequena de sofrer uma localização, o que não afetaria a validade da equação de Schrödinger para poucas partículas. No caso, porém, em que um objeto microscópico se acopla a um aparelho de medição com octilhões de partículas, a probabilidade de localização torna-se grande, explicando assim a redução de estado que acompanha medições diretas de posição.

(g) *Interpretação Transacional*. Esta abordagem se baseia na "transação" entre um emissor e um absorvedor, que se dá através de ondas retardadas (usuais) e avançadas (que se propagam com energia negativa para o passado), conforme proposto por Wheeler & Feynman (1945). Esta interpretação da Mecânica Quântica desenvolvida por Cramer (1986) é temporalmente simétrica, não-local e considera que a função de onda é uma onda física no espaço 3-dimensional.

4.9 Interpretações que questionam a lógica clássica

Nesta seção agrupamos algumas visões que propõem modificações na lógica clássica para explicar os problemas interpretativos da Mecânica Quântica. O que elas têm em comum, além do questionamento de diferentes aspectos da lógica clássica, é uma certa simpatia pela atribuição de valores bem definidos para todos os observáveis, o que as aproxima das visões corpusculares ou das teorias de variáveis ocultas.

(a) *Lógica Quântica*. Desde o trabalho pioneiro de G. Birkhoff & von Neumann (1936), costuma-se dizer que a lógica do mundo microscópico é de um tipo especial, chamada "lógica não-distributiva" (ver por exemplo Hughes, 1981). Tal conclusão é defensável, mas pressupõe uma interpretação corpuscular (valores sem dispersão) para a Teoria Quântica.

(b) *Abordagem Operacional*. Uma certa abordagem à lógica quântica (que não adota uma ontologia corpuscular) considera a teoria não como uma descrição da natureza física, mas sim uma descrição do comportamento do cientista ao preparar e medir objetos microscópicos no laboratório (Foulis & Randall, 1974).

(c) *Interpretação Modal*. De maneira genérica, este nome se aplica a qualquer interpretação que se inspira na lógica modal, que faz uso das categorias de "possibilidade" e "necessidade". Mais especificamente, ele se refere à interpretação proposta por Kochen (1985), que aborda o problema de quais são as *propriedades* (ou seja, quais os observáveis que têm valores bem definidos) de um subsistema correlacionado quanticamente com um outro (fazendo uso do teorema de decomposição de Schmidt). Este realismo relacionista (as propriedades existem em relação ao ambiente escolhido) propõe-se a explicar o paradoxo de EPR sem supor a não-localidade.

(d) *Histórias Consistentes*. Uma "história" é uma série de propriedades bem definidas ocorrendo numa seqüência ordenada de tempo (por exemplo, $p_x(t_1)$, $x(t_2)$, $p_x(t_3)$). Em 1984, R. Griffiths introduziu a noção de "família de histórias consistentes", para a qual se pode atribuir uma probabilidade para cada história. Dado um evento inicial D e um evento final F, esta abordagem responde qual é a probabilidade de uma história de eventos intermediários E_1, E_2, etc. ocorrer. Se o evento inicial D for $S_x = +\frac{1}{2}$ (após a medição de spin na direção x) e o final F for $S_z = +\frac{1}{2}$ (após uma medição de spin na direção z), a probabilidade de um evento intermediário E ser $S_x = +\frac{1}{2}$ é 1, e a probabilidade de ser $S_z = +\frac{1}{2}$ também é 1! Porém, como estas duas histórias não são consistentes, não se pode deduzir que $S_x = +\frac{1}{2}$ e $S_z = +\frac{1}{2}$ com probabilidade 1, para o mesmo evento E. Isso viola o cálculo de probabilidades clássico (ver críticas de d'Espagnat, 1989).

Outros autores, como Omnès, Gell-Mann e Hartle, desenvolveram esta interpretação propondo que ela seria um desdobramento da interpretação ortodoxa, pois esta só atribui probabilidades para o instante da medição, ao passo que a interpretação das histórias consistentes permitiria atribuir probabilidades para eventos no passado. Omnès (1992) chegou a defender o que chamou de uma "lógica quântica", mas trata-se apenas de uma regra de aproximação para zerar quantidades muito pequenas. Implícito na abordagem de Griffiths está a aceitação da retrodição, da visão epistêmica de estado e das medições fidedignas. Sua visão é claramente dualista, pois uma retrodição pode levar a estados envolvendo superposições de trajetórias.

5. Mapa das interpretações

Agora que já nos familiarizamos com várias interpretações da Teoria Quântica, façamos um esboço de como cada uma se posiciona com relação aos critérios *ontológico* (corpúsculo, onda, dualismo ou sem ontologia) e *epistemológico* (realismo ou positivismo). No mapa da Fig. 1 (na próxima página), a abcissa apresenta os critérios ontológicos, enquanto a ordenada é dividida em realismo (em baixo) e positivismo. Certas regiões estão demarcadas, correspondendo às interpretações ortodoxas (ORT.), dos coletivos estatísticos (COL.), teorias de variáveis ocultas (TVO.), interpretações ondulatórias (OND.), estocásticas (ESTOC.) e lógicas quânticas (LOG.). Em geral, as teorias de variáveis ocultas podem ser consideradas um caso particular da interpretação dos coletivos.

Cada interpretação particular está representada por duas letras. Interpretações que possuem uma ligação entre si aparecem ligadas por linhas tracejadas.

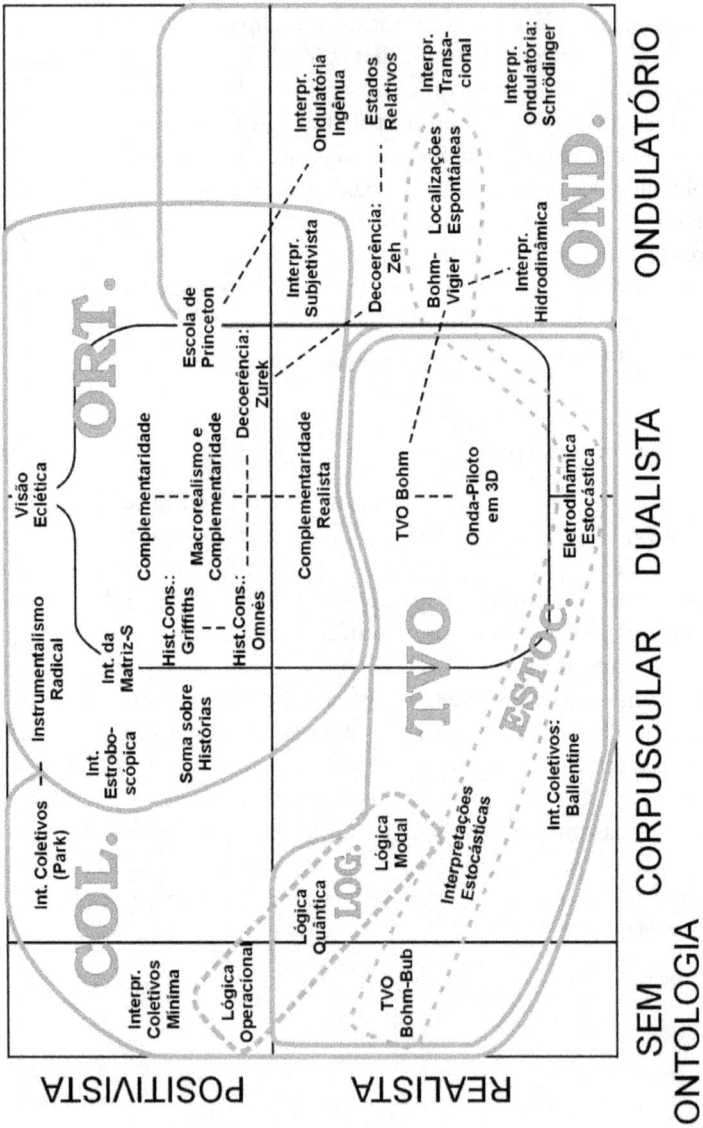

Figura 1

6. Conclusão

O estudo *sistemático* das interpretações da Teoria Quântica é ainda um campo vasto e não muito explorado. Seria tarefa da "filosofia da física" tentar sistematizar o estudo comparativo das interpretações, delineando quais são as teses que cada visão responde claramente, quais afirmações de fato correspondem a uma ontologia específica e quais são apenas a atribuição de um rótulo, quais problemas são varridos para debaixo do tapete, e como agrupar as interpretações de maneira satisfatória. Além disso, seria interessante levar em conta os aspectos emocionais mencionados na seção 1, e estender o estudo não só para as interpretações "declaradas", mas também para interpretações "naturais" de formalismos alternativos (como a distribuição de Wigner).

Referências bibliográficas

Aharonov, Y., Anandan, J. & L. Vaidman (1993), "Meaning of the Wave Function", *Physical Review A* 47: 4616-4626.

Ballentine, L.E. (1970), "The Statistical Interpretation of Quantum Mechanics", *Reviews of Modern Physics* 42: 358-381.

Barrett, J.A. (1999), *The Quantum Mechanics of Minds and Worlds*, Oxford: Oxford Univerity Press.

Barut, A.O. (1988), "The Revival of Schrödinger's Interpretation of Quantum Mechanics", *Foundations of Physics Letters* 1: 47-56.

Belinfante, F.J. (1973), *A survey of hidden-variables theories*, Oxford: Pergamon.

Bell, J.S. (1990), "Against 'Measurement'", em Miller, A.I. (ed.), *Sixty-two years of uncertainty*, New York: Plenum, 1990, pp. 17-31. Reimpresso em: *Physics World* 3: 33-40.

Bohm, D. (1952), "A Suggested Interpretation of the Quantum Theory in Terms of 'Hidden' Variables, I and II", *Physical Review* 85: 166-193. Reimpresso em: Wheeler & Zurek (1983), pp. 369-396.

Bohr, N. (1928), "The Quantum Postulate and the Recent Development of Atomic Theory", *Nature* 121: 580-590. Reimpresso em: Bohr, N. *Atomic Theory and the Description of Nature*. Cambridge: Cambridge University Press, 1934, pp. 52-91; em: Wheeler & Zurek (1983), pp. 87-126. Tradução para o português em Pessoa Jr., O. (ed.), *Fundamentos da Física 1 – Simpósio David Bohm*, São Paulo: Ed. Livraria da Física, 2000, pp. 135-159.

Bohr, N. (1949), "Discussion with Einstein on Epistemological Problems in Physics", em Schilpp, P.A. (ed.), *Albert Einstein: Philosopher-Scientist*, Evanston: The Library of Living Philosophers, 1949, pp. 200-241. Reimpresso em: Wheeler & Zurek (1983), pp. 9-49. Tradução para o português em Bohr, N., *Física atômica e conhecimento humano, ensaios 1932-1957*, Rio de Janeiro: Contraponto, 1995, pp. 41-83.

Born, M. (1949), *Natural Philosophy of Cause and Chance*, Oxford: Oxford University Press.

Boyer, T.H. (1975), "Random Electrodynamics: The Theory of Classical Electrodynamics with Classical Electromagnetic Zero-point Radiation", *Physical Review D* 11: 790-808.

Cramer, J.G. (1986), "The Transactional Interpretation of Quantum Mechanics", *Reviews of Modern Physics* 58: 647-87.

Cushing, J.T., Fine, A. & S. Goldstein (eds.) (1996), *Bohmian Mechanics and Quantum Theory: An Appraisal*, Dordrecht: Kluwer.

Dewitt, B.S. (1970), "Quantum Mechanics and Reality", *Physics Today* 23: 30-35.

D'Espagnat, B. (1989), "Are There Realistically Interpretable Local Theories?", *Journal of Statistical Physics* 56: 747-766.

Dorling, J. (1987), "Schrödinger's Original Interpretation of the Schrödinger Equation: A Rescue Attempt", em Kilmister, C.W. (ed.), *Schrödinger: Centenary Celebration of a Polymath*, Cambridge: Cambridge University Press, 1987, pp. 16-40.

Everett III, H. (1957), "Relative State Formulation of Quantum Mechanics", *Reviews of Modern Physics* 29: 454-62. Reimpresso em: Wheeler & Zurek (1983), pp. 315-323.

Feynman, R.P. (1948), "Space-time Approach to Non-relativistic Quantum Mechanics", *Reviews of Modern Physics* 20: 367-387.

Feynman, R.P. (1987), "Negative Probability", em Hiley, B. J. & F.D. Peat (eds.), *Quantum Implications*, London: Routledge, pp. 235-248.

Fock, V.A. (1957), "On the Interpretation of Quantum Mechanics", *Czechoslovakian Journal of Physics* 7: 643-656.

Foulis, D. J. & C.H. Randall (1974), "The Empirical Logic Approach to the Physical Sciences", em Hartkämper, A. & H. Neumann (eds.), *Foundations of Quantum Mechanics and Ordered Linear Spaces*, New York: Springer, pp. 230-249.

Freyberger, M. & W.P. Schleich (1997), "True Vision of a Quantum State", *Nature* 386: 235-248.

Ghirardi, G.C., Omero, C., Rimini, A. & T. Weber (1978), "The Stochastic Interpretation of Quantum Mechanics: A Critical Review", *Rivista Nuovo Cimento* 1: 1-34.

Ghirardi, G.C., Rimini, A. & T. Weber (1986), "Unified Dynamics for Microscopic and Macroscopic Systems", *Physical Review D* 34: 470-491.

Gisin, N. & C. Percival (1992), "The Quantum-state Diffusion Model Applied to Open Systems", *Journal of Physics A* 25: 5677-5691.

Griffiths, R.B. (1984), "Consistent Histories and the Interpretation of Quantum Mechanics", *Journal of Statistical Physics* 36: 219-272.

Heisenberg, W. (1927), "Über den anschaulichen Inhalt der quantentheoretischen Kinematik und Mechanik", *Zeitschrift für Physik* 43: 172-198. Tradução para o inglês: "The Physical Content of Quantum Kinematics and Mechanics", em Wheeler & Zurek (1983), pp. 62-84.

Heisenberg, W. (1930), *The Physical Principles of Quantum Theory*, Chicago: University of Chicago Press.

Heisenberg, W. (1958), *Physics and Philosophy*, London: Allen & Unwin.

Home, D. & M.A.B. Whitaker (1992), "Ensemble Interpretations of Quantum Mechanics: A Modern Perspective", *Physics Reports* 210: 224-317.

Hughes, R.I.G. (1981), "Quantum Logic", *Scientific American* 245: 146-157.

Jammer, M. (1974), *The Conceptual Development of Quantum Mechanics*, New York: Wiley.

Kochen, S. (1985), "A New Interpretation of Quantum Mechanics", em Lahti, P. & P. Mittelstaedt (eds.), *Symposium on the Foundations of Modern Physics*, Singapore: World Scientific, 1985, pp. 151-169.

Landé, A. (1965, 1966, 1969, 1975), "Quantum Fact and Fiction. I. II. III. IV", *American Journal of Physics* 33: 123-127, 34: 1160-1166, 37: 541-548, 43: 701-704.

London, F. & E. Bauer (1939), *La théorie de l'observation em mécanique quantique*, Paris: Hermann. Tradução para o inglês: Wheeler & Zurek (1983), pp. 217-259.

Ludwig, G. (1961), "Gelöste und ungelöste Probleme des Meβprozesses in der Quanten-mechanik", em Bopp, F. (ed.), *Werner Heisenberg und die Physik unserer Zeit*, Braunschweig: Vieweg, 1961, pp. 150-181.

Margenau, H. (1937), "Critical Points in Modern Physical Theory", *Philosophy of Science* 4: 337-370.

Margenau, H. (1954), "Advantages and Disadvantages of Various Interpretations of the Quantum Theory", *Physics Today* 7: 6-13.

Montenegro, R. & O. Pessoa Jr. (2002), "Interpretações da teoria quântica e as concepções dos alunos do curso de física", *Investigações sobre Ensino de Ciências* 7 (2). Disponível em: <http://www.if.ufrgs.br/public/ensino/vol7/n2/v7_n2_a1.htm>.

Omnès, R. (1992), "Consistent Interpretations of Quantum Mechanics", *Reviews of Modern Physics* 64: 339-382.

Park, J.L. (1973), "The Self-contradictory Foundations of Formalistic Quantum Measurement Theories", *International Journal of Theoretical Physics* 8: 211-218.

Pessoa Jr., O. (1998), "As interpretações da física quântica", em Aguilera-Navarro, M.C.K., Aguilera-Navarro, V.C. & M. Goto (eds.), *Anais da III semana da física*, Londrina: Editora da Universidade Estadual de Londrina, 1998, pp. 137-187.

Pessoa Jr., O. (2000), "Complementing the Principle of Complementarity", *Physics Essays* 13: 50-67.

Pessoa Jr., O. (2003), *Conceitos da física quântica*, Vol. 1, São Paulo: Editora Livraria da Física.

Pessoa Jr., O. (2005), "Towards a Modal Logical Treatment of Quantum Physics", *Logic Journal of the IGPL* 13: 139-147.

Redhead, M. (1987), *Incompleteness, Non-locality, and Realism*, Oxford: Clarendon.

Reichenbach, H. (1944), *Philosophic Foundations of Quantum Mechanics*, Berkeley: University of California Press. Reimpresso: New York: Dover, 1998.

Rosa, R. (1979), "Electron Interference: Landé's Approach Upset by a Recent Elegant Experiment", *Lettere al Nuovo Cimento* 24: 549-550.

Solvay, Institut International de Physique (1928), "Discussion générale des idées nouvelles émises", em *Électrons et photons – rapports et discussions de cinquième conseil de physique*, Paris: Gauthier-Villars, 1928, pp. 248-289. Traducão para o português em: Pessoa Jr., O. (ed.), *Fundamentos da física 2 – simpósio David Bohm*, São Paulo: Ed. Livraria da Física, 2001, pp. 139-172.

Stapp, H.P. (1971), "S-matrix Interpretation of Quantum Theory", *Physical Review D* 3: 1303-1320.

Von Neumann, J. (1932), *Mathematische Grundlagen der Quantenmechanik*, Berlin: Springer. Tradução para o inglês pela Princeton University Press, 1955.

Wang, L.J., Zou, X.Y. & L. Mandel (1991), "Experimental Test of the de Broglie Guided-wave Theory for Photons", *Physical Review Letters* 66: 1111-1114.

Wheeler, J.A. (1983), "Law without Law", em Wheeler & Zurek (1983), pp. 182-213.

Wheeler, J.A. & W.H. Zurek (eds.) (1983), *Quantum Theory and Measurement*, Princeton: Princeton University Press.

Wigner, E.P. (1961), "Remarks on the Mind-body Question", em Good, I. J. (ed.), *The Scientist Speculates*, London: Heinemann, 1961, pp. 284-302. Reimpressão em: Wheeler & Zurek (1983), pp. 168-181.

Wigner, E.P. (1963), "The Problem of Measurement", *American Journal of Physics* 31: 6-15. Reimpressão em: Wheeler & Zurek (1983), pp. 324-341.

Zeh, H.D. (1993), "There Are No Quantum Jumps, Nor Are There Particles!", *Physics Letters A* 172: 189-192.

Aleatoriedad *vs.* arbitrariedad en la mecánica estadística clásica: ¿mecánica o mecánica estadística?

1. Propósitos

Los enfoques teóricos acerca de los sistemas de partículas, aislados, regidos por la mecánica estadística clásica, presentan muchos problemas, dos de los cuales, de tipo ontológico, íntimamente relacionados entre sí, deseo discutir en el presente trabajo. Lo haré de un modo conceptual, eludiendo muchas formulaciones técnicas, pero intentando evitar simplificaciones que puedan dañar, a mi entender, la argumentación.

El primer problema se refiere a la posibilidad de que las distribuciones probabilistas de las condiciones iniciales estén sujetas a restricciones (limitaciones "extra") que se suman a las que habitualmente se aceptan: condiciones de contorno, vínculos, energía constante. Intentaré mostrar, independientemente del enfoque teórico que se plantee, que el hecho de que los sistemas aislados se vuelcan al equilibrio o se mantienen en él, requiere distribuciones probabilistas de las condiciones iniciales, claramente restrictivas (limitaciones "extra") sobre el espacio de las fases.[1] Tales limitaciones "extra" impiden suponer distribuciones probabilistas iniciales arbitrarias, es decir, "cualesquiera" (excepto por las limitaciones aceptadas: condiciones de

---

[*] Universidad Nacional de General Sarmiento (UNGS)/Universidad de Buenos Aires (UBA), Argentina.
[1] El espacio de las fases es el espacio abstracto de las condiciones iniciales (o finales) del sistema, así como de su evolución. Cada punto representa el conjunto de posiciones e impulsos de todas las partículas del sistema.

contorno, vínculos, energía constante). Intentar justificar y explicar las limitaciones "extra" será la tarea abordada en la sección 3.

El segundo problema se refiere a una aparente situación distinta (siempre desde el punto de vista ontológico) para el caso de pocas partículas, regidas por la mecánica clásica, donde las limitaciones "extra" parecen no existir, donde la arbitrariedad parece, ahora sí, reinar respecto de la manera como se suceden las condiciones iniciales, cuando podemos fijar (salvo las limitaciones normalmente aceptadas), en cada repetición del experimento, dichas condiciones iniciales de modo arbitrario. ¿Cuántas partículas hacen falta para que "aparezcan" o "comiencen a funcionar como tales" las restricciones "extra"? ¿A partir de qué número de partículas la mecánica clásica pasa a ser mecánica estadística clásica? Se busca una solución intentando mostrar que hay una sola mecánica clásica, la mecánica estadística clásica, y se conjetura una solución para la aparente contradicción planteada, todo ello en la sección 4. La sección 5. acomete de modo sintético un problema colateral acerca de la diferencia ontológica en el modo de interpretar la probabilidad según se trate de leyes de evolución o de distribución probabilista de condiciones iniciales.

2. Introducción

Me propongo conceptualizar algunos aspectos de la mecánica estadística clásica de partículas (desde ahora, simplemente, "mecánica estadística"), por su interés explicativo y por las sorprendentes situaciones a que es llevado quien sucumbe a la curiosidad y al placer de zambullirse en cuestiones tan complejas, pero a la vez atractivas.

Luego de un lapso de evolución, el estado de un sistema aislado queda fijado en una teoría mecánica por:

(i) *las leyes de evolución del sistema*; y
(ii) *las condiciones iniciales, las condiciones de contorno y los vínculos.*

Dadas las leyes de evolución del sistema y dadas las condiciones iniciales, condiciones de contorno y vínculos, queda fijado el estado del sistema en un instante cualquiera, posterior al inicial: son las "condiciones finales". Según la teoría mecánica de que se trate, las condiciones finales pueden quedar fijadas de manera probabilista o determinista[2]. Cuando se trata de

---

[2] En un trabajo publicado poco tiempo atrás (Flichman, 2001), he intentado mostrar que no se puede hablar simplemente de determinismo e indeterminismo, como dos únicas situaciones posibles, una en las antípodas de la otra. Las situaciones extremas corresponden al determinismo fuerte (ausencia de todo tipo o grado de indeterminismo) y, en el otro extremo, al indeterminismo fuerte o "caos griego" (ausencia de todo tipo o grado de determinismo). Pero entre ellos hay toda una gradación de

mecánica estadística, se toma en cuenta algo nuevo en el instante inicial: el *arreglo[3] inicial o distribución probabilista de condiciones iniciales*. Y para el estado del sistema en algún instante posterior al inicial se toma en cuenta el *arreglo final o distribución probabilista de condiciones finales*.[4]

2.1 Acerca de lo que no se ocupará este trabajo

2.1.1 El problema gnoseológico

No me ocuparé en este trabajo del problema de la posible o imposible predictibilidad, en principio o en la práctica, sea de la evolución de un sistema mecánico, sea de la distribución probabilista de sus condiciones iniciales y/o finales. Solo trataré el punto de vista ontológico del sistema y de su evolución, de modo que cuando me refiera, por ejemplo, a determinismo, será determinismo ontológico; y cuando me refiera a probabilidad o a distribución de probabilidades, se tratará de probabilidades objetivas, no de aquéllas ligadas a la ignorancia. Adoptaré como definición de "determinismo" de una teoría a la que indica[5] para el conjunto de mundos posibles o modelos de la teoría (mundos regidos por las mismas leyes), que sus leyes son tales que no existen dos mundos de dicho conjunto que sean exactamente iguales (en lo que a hechos se refiere) en un instante dado y que difieran en algún

---

determinismos e indeterminismos. A medida que se debilita el determinismo se fortalece el indeterminismo y viceversa. Lo que a menudo se denota con el término "indeterminismo" es en realidad la ausencia de un determinismo fuerte, pero de ningún modo el indeterminismo fuerte. De cualquier modo, para evitar el uso de una nomenclatura que no es la habitual y puede confundir, usaré el término "determinismo" para referirme al determinismo fuerte y usaré "indeterminismo" para referirme a algún grado de indeterminismo. Un problema similar se plantea con la consideración de las zonas de validez del determinismo. Creo que es importante referirse a situaciones de determinismo, porque se podría sostener que hay regiones o niveles en los cuales hay determinismo y otros en los que no lo hay. Por ejemplo, se suele interpretar la física cuántica como una teoría no determinista en situaciones de medición. Pero en otras situaciones se la interpreta habitualmente como una teoría determinista. Además, si hablamos del nivel de la física macroscópica, el indeterminismo cuántico converge a una situación determinista.

[3] El término "arreglo" que uso aquí corresponde al término inglés "ensemble" (si se trabaja con el enfoque de Gibbs).

[4] Debemos considerar una excepción: en el caso de "caos absoluto", que se discute en la sección *3.1*, el arreglo, si bien es una distribución de condiciones iniciales (o finales), no es una distribución probabilista, como se verá allí.

[5] Sigo aquí, de manera sencilla, definiciones como la de R. Montague. Ver Montague (1974).

otro instante. El determinismo es el determinismo de las leyes de evolución, que resultan de la articulación de la dinámica[6] con las leyes de fuerza.

2.1.2 Las ecuaciones de evolución

El primer punto (i), el de las ecuaciones de evolución, no será tratado aquí. Solo diré al respecto, que la mecánica estadística es considerada una teoría determinista, si exceptuamos, tal vez, situaciones especiales en la mecánica de partículas –que se transmiten por extensión a la mecánica estadística– como, por ejemplo, la presencia de ciertos tipos de singularidades. Tales casos han sido estudiados cuidadosamente[7] y no serán motivo del presente trabajo. Así, consideraré que la mecánica estadística es determinista –ontológicamente– en términos generales y, en particular, en las situaciones que serán objeto de estudio en este trabajo.

2.2 Acerca de lo que sí se ocupará este trabajo

Discutiré, en cambio, el tema (ii), acerca de los arreglos iniciales: distribución probabilista de condiciones iniciales, siempre desde el punto de vista ontológico.

Deseo abordar el siguiente tema: las leyes deterministas de evolución (dinámica más leyes de fuerza) no imponen ninguna restricción a los arreglos iniciales. Las únicas restricciones que parecería que debemos tener en cuenta (limitaciones normalmente aceptadas) son las que proceden de condiciones de contorno o, en general, de restricciones por vínculos. (En adelante no diferenciaré condiciones de contorno de restricciones por vínculos: diré simplemente "condiciones de contorno".)[8] Como se tratará de sistemas aislados, es también una limitación normalmente aceptada el valor –constante– de la energía del sistema. Sin embargo, veremos de inmediato que esta presentación aparentemente simple, presenta dos serias dificultades que serán el motivo de discusión de este trabajo.

---

[6] Usaré "dinámica" para referirme a las leyes de la mecánica, y "mecánica" para referirme a la teoría mecánica tomada globalmente.

[7] Ver, por ejemplo, Earman (1986).

[8] Muchas de las ecuaciones de evolución más sencillas de la mecánica clásica de partículas (y por extensión la mecánica estadística) no requieren ecuaciones diferenciales con derivadas parciales con respecto a la posición, por lo cual no aparecen en sentido estricto condiciones de contorno. Pero hay leyes de fuerza más complejas que sí requieren condiciones de contorno. Además, las restricciones de vínculo pueden funcionar como condiciones de contorno. Es por ello que no haremos distinción alguna entre vínculos y condiciones de contorno.

3. Primera dificultad

Veremos que si deseamos explicar las compensaciones casuales, es decir, el proceso mediante el cual un sistema mecánico estadístico aislado se vuelca al equilibrio o se mantiene en él,[9] no podemos prescindir de considerar ciertas "otras" limitaciones (limitaciones "extra") a los arreglos iniciales.

De ahora en adelante, vincularé la expresión "final(es)" a algún instante posterior al "instante inicial", instante (final) en el que la distribución probabilista de las condiciones (finales) sea de –o, mejor, haya llegado sensiblemente cerca del– equilibrio.[10] Denominaré "producto" al arreglo final: distribución probabilista de condiciones finales. El producto queda fijado por el arreglo inicial, las condiciones de contorno, la energía del sistema y las leyes (deterministas) de evolución. El producto (estado de equilibrio o de cuasi-equilibrio), será algún tipo de distribución estocástica más o menos compleja, según el caso y según la óptica (boltzmanniana, gibbsiana u otra) desde la cual se lo estudie.

Desde ópticas de tipo boltzmanniano, los casos más simples podrían ser distribuciones gaussianas o similares, sobre una base de macroestados (si bien serían distribuciones equiprobables, sobre una base de microestados). Desde ópticas de tipo gibbsiano, serán distribuciones de igual densidad de

---

[9] No importará para los fines del trabajo si la noción de equilibrio se refiere a "grano fino" o "grano grueso". En el segundo caso, alguien que sostuviese un punto de vista boltzmanniano podría alegar que se trata de un equilibrio solo en sentido gnoseológico. Sin embargo, si suponemos estados (celdas) en el espacio de las fases suficientemente pequeños (pero no excesivamente pequeños) y un período temporal suficientemente largo, como para no albergar modificaciones drásticas con relación a celdas vecinas, obtenemos un sistema de grano grueso perfectamente analizable desde el punto de vista ontológico. Es un buen ejemplo el caso que estudiaremos más adelante, del disco que cae a través del aire contenido en un recipiente esférico, disco que recibe "igual" cantidad de choques moleculares de cada lado durante períodos temporales no demasiado cortos. Si se achica demasiado el disco, deberán tenerse en cuenta los movimientos brownianos, que son, por supuesto, objetivos, pero que no interesan para nuestro estudio. Ello no hace que nuestro estudio sea gnoseológico ni subjetivo. Nos interesan, en nuestro ejemplo, a los fines de la discusión de nuestro problema, los valores estadísticos (objetivos) para discos no tan pequeños y para períodos suficientemente largos; y ello es igualmente objetivo y puede ser tratado desde un punto de vista estrictamente ontológico.

[10] Me refiero a sistemas que se mantienen en o evolucionan hacia el equilibrio. Son sistemas aislados. Hay sistemas abiertos que evolucionan hacia estados estables, cercanos o alejados del equilibrio. No me refiero a sistemas de esos tipos ya que este trabajo se ocupa de sistemas aislados. También hay sistemas aislados que no evolucionan hacia el equilibrio. Me referiré a ellos en la sección 3.7.

probabilidad (grano grueso), siempre en el espacio de las fases. Pero veremos en seguida, mediante un ejemplo (en 3.2), que si las condiciones iniciales (por ejemplo, el inicio reiterado del experimento) se suceden de manera arbitraria (salvo condiciones de contorno y salvo energía constante), es decir, sin limitaciones "extra", no podemos asegurar un producto que cumpla con las distribuciones aleatorias o estocásticas (es decir, un estado de equilibrio) a que nos acabamos de referir.

3.1 Terminología y algo más

Creo importante realizar algunas aclaraciones terminológicas. Es muy común confundir dos nociones que son prácticamente opuestas. "Aleatoriedad", "estocasticidad", "azar", "chance", "casualidad", términos muy cercanos en su significado (o de igual significado), se suelen confundir con "arbitrariedad", que posee un significado radicalmente diferente.

Ya intenté aclarar más arriba el uso de varias expresiones, tales como "determinismo", "arreglo inicial" y "arreglo final" o "producto". Intentaré precisar aquí en algún grado la diferencia entre "aleatoriedad" y "arbitrariedad". Es fundamental aclarar algunos puntos para evitar confusiones fatales. Usaré una demarcación en alguna medida relacionada con la que realiza John Earman.[11] Debemos tener en cuenta varias dicotomías. Consideraré "estocasticidad" como sinónimo de "aleatoriedad".

(i) procesos probabilistas – arreglos probabilistas

(ii) procesos probabilistas – procesos absolutamente caóticos[12]

(iii) arreglos probabilistas – "arreglos absolutamente caóticos" – arreglos aleatorios – arreglos iniciales arbitrarios

(i) La noción de probabilidad se puede aplicar tanto a los procesos (leyes probabilísticas de evolución) como a las condiciones iniciales (o finales).

Cuando se trata de *procesos* regidos por leyes probabilistas de evolución, existen bifurcaciones o multifurcaciones probabilistas. En nuestro caso, determinista, solo hay, en cada caso, un único proceso posible (una vez iniciado).

Por otra parte, cuando se trata de *condiciones iniciales o finales,* existen distribuciones probabilistas de las mismas (*arreglos*). En este caso, la noción de *aleatoriedad* se relaciona estrictamente con la de *probabilidad. Hay aleatoriedad si y solo si hay cierto tipo de distribución probabilista: la distribución correspondiente al equilibrio.*

---

[11] Ver Earman (1986), cap. VIII.

[12] No se deben confundir con los procesos de "caos físico" estudiados por la física contemporánea. Aquí me refiero a lo que denominé previamente "caos griego" en la nota 2. Earman lo denomina *"utter chaos".*

Debemos aclarar aquí qué entendemos por distribuciones de equilibrio (o cuasi-equilibrio). Son las distribuciones aleatorias o estocásticas, que no son otra cosa que distribuciones de probabilidad de condiciones iniciales o finales en las que el sistema, considerado macroscópicamente, se mantiene estable, es decir, sin que se modifiquen sensiblemente sus parámetros macroscópicos. Son las teorías mecánico estadísticas –gibbsianas, boltzmannianas y otras– las que relacionan las variables macroscópicas con las microscópicas.

(ii) No se debe confundir un proceso *probabilista* con uno *absolutamente caótico*. Un mundo que evoluciona según un proceso absolutamente caótico es un mundo sin leyes de ningún tipo. Al no haber leyes, ni siquiera probabilistas, no hay probabilidades. Cada momento de la evolución de ese mundo no se relaciona de ningún modo con su pasado ni con su futuro. Todas las posibilidades están abiertas. No se trata de que todas las posibilidades tengan igual o distinta probabilidad. No hay probabilidad, ni cero, ni uno, ni intermedia entre cero y uno. En ese mundo no existe la categoría de probabilidad, aunque sí la de posibilidad. En ese mundo puede pasar cualquier cosa en cualquier momento. Pero no tendría sentido decir que eso ocurriría con igual probabilidad para cada situación posible. Es difícil imaginar un mundo absolutamente caótico, indeterminista fuerte, y habría que demostrar que es coherente suponerlo. Pero nada de esto nos importa aquí, porque estamos considerando procesos deterministas.

(iii) Tampoco se debe confundir un arreglo inicial o final, que es una distribución *probabilista* de condiciones iniciales o finales, con uno *"absolutamente caótico"*. El concepto "arreglo absolutamente caótico" es una noción por lo menos confusa. No implica alguna distribución de probabilidades.[13] No se trata de que cada condición inicial o final, punto (o celda) en el espacio de las fases, tenga alguna probabilidad (ni cero, ni uno ni algún valor entre cero y uno) o alguna densidad de probabilidad. Ni que todas tengan la misma probabilidad o densidad de probabilidad. Por el contrario, no existe ninguna distribución de probabilidades. Lo que podemos decir en una situación de ese tipo es que todas las condiciones (iniciales o finales) son posibles, sin endilgarles la categoría de probabilidad. También en este caso habría que demostrar que es coherente suponer una tal situación. En Earman (1986) se considera que una situación de ese tipo podría ser imposible, si bien Earman no toma tal conclusión como definitiva. Solo dice que "... *puede* no ser una noción coherente" (mi traducción, mis itálicas). Pero también agrega: "Yo predigo que el desafío no resultará" (mi traducción).

---

[13] Ver nota 4.

De cualquier modo, no usaré dicha noción de caos absoluto. Puede verse como una idealización, pero no será necesaria para la discusión. En todo caso, lo que plantearé como posibilidad (que, veremos, habrá que abandonar finalmente) es un arreglo inicial "arbitrario". Tal arbitrariedad corresponderá a distribuciones probabilistas de condiciones iniciales, más acotadas que el caos absoluto, pero a la vez más amplias (compatibles con las condiciones de contorno y la energía constante) que las que solo llevan al producto aleatorio (equilibrio) que efectivamente ocurre. De modo que en lugar de hablar de caos absoluto hablaré de arbitrariedad. Es una situación (perfectamente coherente) intermedia entre "aleatoriedad" y "caos absoluto", que incluye los casos de aleatoriedad, pero los excede. Estudiaremos ahora un ejemplo de ese tipo.

3.2 Un ejemplo

Es posible encontrar compensaciones aleatorias en casos en los que ciertos elementos del sistema son suficientemente grandes en tamaño y otros suficientemente pequeños y numerosos. Por ejemplo, un disco suficientemente grande –similar a una moneda– simétrico en forma y peso, cae a través del aire contenido dentro de un recipiente mucho mayor, sin que los choques moleculares del aire sobre sus caras lo desvíen sensiblemente (moléculas suficientemente pequeñas y numerosas).[14] La repetición de la situación macroscópica inicial (casi seguramente otra posición inicial en el espacio de las fases) no cambiará el hecho de que ocurran las compensaciones "casuales".

Supongamos ahora que las condiciones iniciales fueran tales que en las condiciones finales, las moléculas han golpeado mucho más un lado del disco que el otro, de modo que éste ha saltado hacia un lado. Y supongamos que las mismas o muy similares condiciones iniciales[15] se dan en cada repetición del experimento. En esos casos el producto claramente no estaría cumpliendo con la aleatoriedad (equilibrio) que se observa en los hechos, en la realidad. Se trata de casos en los cuales el arreglo inicial es arbitrario y, además, no da lugar al producto aleatorio que normalmente se observa. Las condiciones iniciales de nuestro ejemplo (imaginario anómalo, que no ocurre en la realidad) suman una probabilidad igual a uno. Las que, en cambio, llevan al producto que habitualmente se observa suman (en nuestro ejemplo imaginario) una probabilidad igual a cero.

---

[14] Obviamente en un lapso suficientemente largo. Es claro también que un disco muy pequeño sufrirá sensiblemente el movimiento browniano.

[15] En realidad, basta con que sean tales que el estado final muestre al disco desviado del recorrido que habitualmente se habría observado.

Por lo tanto, el producto que efectivamente se observa, que es otro, que no es el del ejemplo, ya que el disco no se desvía sensiblemente, exige considerar más restricciones (limitaciones "extra") para el arreglo inicial.

3.3 Las preguntas[16]

La primera pregunta que nos planteamos es la siguiente: ¿cómo justificamos el hecho de que los arreglos iniciales arbitrarios (sin restricciones "extra") no son posibles? Una contestación muy atinada es la siguiente: son los hechos experimentales, los hechos efectivamente observados, los que confirman[17] el arreglo inicial a partir de sus resultados: el producto. El producto es aleatorio, es el equilibrio, cumple con las compensaciones casuales esperadas (esperadas porque de hecho se observan). El arreglo inicial se calcula (cuando se puede) para que a partir de él y de las leyes de evolución, condiciones de contorno y valor de la energía, se obtenga el producto estocástico esperado: en nuestro ejemplo, que los choques moleculares sobre el disco no produzcan una desviación apreciable sobre su trayectoria. La restricción a esos arreglos iniciales elimina cualquier otro arreglo (arbitrario) posible.

La primera pregunta queda contestada, pero no una segunda, que planteo a continuación: ¿cómo explicamos tal resultado probabilístico sobre la distribución de condiciones iniciales? ¿Por qué se compensan los resultados en ese ejemplo, de modo tal que prácticamente la mitad de los choques ocurren sobre un lado del disco y la otra mitad sobre el otro lado? ¿Por qué se distribuye la probabilidad de modo que se cumplan las compensaciones aleatorias? Siempre aparece como respuesta la compensación estadística, el azar, la chance. ¿Pero cómo se explica esa casualidad? ¿Por qué se producen compensaciones estadísticas, más allá de la inmediata pero no explicada impresión intuitiva?

Una posible hipótesis explicativa, basada en argumentos dados por varios investigadores,[18] *consiste básicamente en aceptar la existencia "natural" de tales "otras" restricciones sobre los arreglos iniciales.*

En muchas ocasiones se suele postular arreglos iniciales que fijan igual (densidad de) probabilidad para cada condición inicial (para cada microestado: distribución micro-canónica), compatible con las condiciones de contorno y con la energía del sistema, *como si se tratara de una distribución arbitraria.*

---

[16] El problema me fue planteado de manera general (incluyendo ambas preguntas) por H. Abeledo (comunicación personal).

[17] O sea, permiten inferir, de manera obviamente no deductiva, sino conjetural.

[18] Conclusiones de este tipo han sido planteadas por H. Reichenbach, A. Grünbaum y H. Mehlberg desde diversos puntos de vista.

Pero se trata exactamente de lo contrario: es un arreglo extremadamente fijo y no arbitrario.

3.4 Primer supuesto explicativo

Existen leyes del azar (o de la aleatoriedad o estocásticas) *"para el producto"* y ellas son lógicamente independientes de las leyes deterministas de evolución *"para el proceso"*. Ello explica la necesidad de introducir más restricciones sobre el arreglo inicial.

Bajo este supuesto, no basta con las leyes deterministas de evolución para poder completar la base teórica: deben agregarse las leyes probabilistas del azar, puesto que todas ellas (leyes deterministas de evolución para el proceso y leyes probabilistas del azar para el producto) juegan un rol en el proceso en estudio. Por lo tanto, el arreglo inicial no puede ser arbitrario.

Sin embargo, éste podría parecer un supuesto antieconómico: por un lado estarían las restricciones en el arreglo inicial y por otro las leyes probabilistas en el producto, generadoras (en sentido lógico, no cronológico) de las restricciones. Es por ello que se ha considerado más aceptable un segundo supuesto explicativo.

3.5 Segundo supuesto explicativo.

En lugar de suponer leyes probabilistas que restringen ("extra") –en conjunción con las condiciones de contorno y la constancia de la energía– los arreglos iniciales, podemos suponer la existencia de dichas restricciones "extra" como un hecho natural básico, fundante, para los arreglos iniciales, tan básicos, tan fundantes, tan naturales como lo son las leyes de la naturaleza. Tales restricciones darán lugar (ahora) a la presencia de las *regularidades* estocásticas del azar en el producto, que ya no serán leyes con esta nueva interpretación. Solo serán resultado de las restricciones "extra" mencionadas (más las restricciones normalmente aceptadas más las leyes de evolución). Así, el arreglo inicial no puede ser arbitrario (esto resulta también del primer supuesto), lo cual aparece intuitivamente como sorprendente. He aquí, entonces, el segundo supuesto:

Existen limitaciones básicas para los arreglos iniciales, y esas limitaciones son lógicamente independientes de las leyes deterministas de evolución para el proceso.

Si en lugar de considerarla básica (como son básicas las leyes de evolución), pretendiésemos explicar tal limitación (explicación de la explicación), podríamos efectuar un movimiento sorpresivo. Usaré la metáfora del *Big Bang,* para luego desentenderme de ella, dado que la mecánica clásica no puede presuponerlo. El movimiento sorpresivo consiste en retroceder al *Big Bang* y aceptar que en aquel momento las condiciones iniciales eran tales que prepararían para el futuro las restricciones "extra", es decir, todas las compensaciones casuales.[19] Finalmente, si nos planteamos el problema de modo más correcto para la mecánica clásica, sin *Big Bang,* el tiempo se extiende hacia el pasado de manera indefinida. Y desaparece la explicación de la explicación. Es claro que también podríamos suponer[20] un comienzo para un universo clásico sin *Big Bang,* en el que las condiciones iniciales fueran tales que prepararan las restricciones "extra", o sea, todas las compensaciones casuales para el futuro. Pero, si bien lógica y físicamente posible, es una tesis que resulta muy difícil admitir porque sin eliminar las restricciones "extra", que quedan planteadas en el instante inicial del universo, agrega a su vez una nueva restricción absolutamente innecesaria: justamente un instante inicial para el universo clásico. Otra objeción a la hipótesis del comienzo del universo para la teoría clásica es que ello implicaría una anulación de la determinación hacia el pasado por parte de las leyes de evolución, algo no contemplado en la teoría clásica. De cualquier modo las restricciones resultan ser básicas, las fijemos al comienzo de los tiempos o las fijemos al comienzo de cada proceso estadístico. La aleatoriedad del producto seguirá permitiendo ciertos arreglos iniciales y prohibiendo otros.

Vemos así que, de aceptar alguno de los dos primeros supuestos explicativos, habría restricciones –ontológicas– a la arbitrariedad de los arreglos iniciales: la aleatoriedad –ontológica– del producto, es resultado de limitaciones ("extra") sobre los posibles arreglos iniciales, aun cuando haya determinismo –ontológico– de las leyes de evolución. Estas conclusiones son sorprendentes. ¿Es posible que en el mundo determinista clásico no pueda haber arreglos iniciales arbitrarios, cualesquiera (compatibles con las condiciones de contorno y la energía)? ¿Es posible que los arreglos iniciales tengan características intrínsecas (azar esencial), que vayan más allá del simple desconocimiento de las condiciones iniciales?

3.6 Articulación de los supuestos explicativos primero y segundo

El primer supuesto puede parecer más interesante en un principio: el agregado (en el producto) de leyes del azar (equilibrio), que restringen los arreglos iniciales. Pero el segundo supuesto parece tener la ventaja de la economía: basta con los arreglos iniciales restringidos en tanto meros hechos fundantes, y se pueden eliminar las leyes estocásticas, que resultan ser simplemente consecuencia de dichas restricciones, sin autonomía nomológica fundante.

---

[19] Esta idea me fue sugerida mucho tiempo atrás por H. Abeledo. Mucho tiempo después lo encontré planteado en Sklar (1993). No sé si dicha sugerencia puede ser probada como una posibilidad.

[20] Como también plantea Abeledo (comunicación personal).

Pero tal vez la suposición de que el segundo supuesto es más económico es ilusoria. Tal vez se pueda aceptar un supuesto explicativo combinado: tal vez sea equivalente suponer leyes estocásticas fundantes que determinan restricciones en los arreglos iniciales, o arreglos iniciales fundantes que determinan, junto con las leyes deterministas de la mecánica de partículas, regularidades estocásticas.

3.7 Tercer supuesto explicativo

Señalaré ahora un supuesto diferente, según el cual la aleatoriedad del producto resulta en última instancia del propio sistema mecánico determinista, con lo cual, si ello es correcto podemos desentendernos de los arreglos iniciales y aceptar que un sistema mecánico estadístico evoluciona generando productos aleatorios. Si así fuese, podría parecer a primera vista que los arreglos iniciales podrían ser *realmente arbitrarios*. A partir de los arreglos iniciales, las propias ecuaciones de evolución deterministas conducirían al sistema a sus productos aleatorios. La situación correspondiente a este tercer supuesto se cumple fundamentalmente en sistemas mezcladores [*mixing*] (tipo especial de sistemas ergódicos). Este tercer supuesto presenta problemas no resueltos. No me ocuparé de ellos porque no se relacionan con la dificultad que intento discutir aquí. Solo mencionaré aquello que se relaciona con el problema en discusión. Aun cuando se parta de la base de que todo sistema es mezclador, existen sistemas "anómalos" que no responden al desarrollo hacia la aleatoriedad habitualmente esperada en sistemas aislados (sistemas mezcladores "que no mezclan").[21] Algunos son sistemas a cuyas condiciones iniciales se les hace corresponder una probabilidad finita (se derivan del denominado "teorema KAM"). Otros son sistemas que no tienden a la aleatoriedad habitualmente esperada, pero a cuyas condiciones iniciales se les hace corresponder una probabilidad de medida nula.

Nuestro planteo *no consiste* en preguntarse por qué no se observan en la realidad casos de tales tipos de sistemas. La contestación podría ser obvia: que no se los observa porque la probabilidad de su ocurrencia (en ambos casos) es suficientemente baja como para que sea prácticamente imposible su observación. Aun casos de probabilidad de medida nula son posibles. Pero es obvio que sería casi un milagro su observación.

Nuestro planteo *consiste* en preguntarse mediante qué mecanismo se ha decidido que tales sistemas tienen probabilidad finita (en un caso) y probabilidad de medida nula (en el otro). Lo que se ha hecho es *relacionar proporcionalmente* la probabilidad de la ocurrencia inicial de uno de esos sistemas con su volumen correspondiente en el espacio de las fases. Por otra parte, aun

---

[21] Me baso fundamentalmente en las ideas de Sklar (1993).

en los casos "normales" (sistemas mezcladores "que mezclan"), también se hace su probabilidad inicial proporcional a dicho volumen. Esto supone que todos los puntos del espacio de las fases (microestados) son igualmente probables, ya que es solo bajo tal supuesto que se puede calcular la probabilidad "contando" (integrando) microestados. Todas las celdas (estados "grano grueso") del espacio de las fases en el enfoque de Gibbs, o todos los microestados en el enfoque de Boltzmann, ocupan el mismo volumen y se les confiere (se postula para ellos) igual probabilidad. Tanto para los casos "anómalos" que no mezclan como para los casos "normales" que mezclan, se ha postulado una distribución inicial de probabilidades sobre el espacio de las fases absolutamente restrictiva, puesto que asume *a priori* la equiprobabilidad de todos sus puntos. Por supuesto que esta equiprobabilidad queda más que justificada por los resultados experimentales. Pero la única explicación de dicha restricción[22] es, nuevamente, la que hemos planteado para los primeros dos supuestos.

Para todos los sistemas (sean "anómalos" o "normales") se requiere postular previamente una probabilidad proporcional al volumen correspondiente, con lo que el arreglo inicial está restringido (limitación "extra", además de las limitaciones normalmente aceptadas) y, luego, no es ni puede ser arbitrario.

3.8 Conclusión

El tercer supuesto explicativo se reduce en última instancia a los dos anteriores, o a la articulación de ambos (3.6), que es la única manera que encontramos de resolver esta primera dificultad.

4. Segundo problema y mi conjetura

4.1 El problema

Un problema diferente aunque muy relacionado con el anterior es el del paso de la mecánica de partículas a la mecánica estadística. Surge una vaguedad inquietante: ¿cuántas partículas hacen falta para que "aparezcan" o "comiencen a funcionar como tales" las restricciones en los arreglos iniciales y/o las leyes del azar en los arreglos finales? Parece evidente que con muy pocas partículas manipulables no se necesita ninguna postulación. Basta con las leyes deterministas de evolución y "cualesquiera" condiciones iniciales compatibles con las condiciones de contorno y la energía. Curiosamente, en ese "cualesquiera" se esconde la hipótesis de la arbitrariedad para pocas partículas (supongamos tres esferitas manipulables; o dos; o una). Nada nos

---

[22] La pregunta de Horacio Abeledo acerca del por qué de dicha equiprobabilidad fue tal vez el motivo inicial de la realización del presente trabajo.

hace suponer que, aparte de las restricciones que impongan las condiciones de contorno y la energía, haya restricciones probabilísticas para las condiciones iniciales. No tiene sentido hablar de probabilidad de cada condición inicial puesto que dependerá de nosotros qué condición inicial *elegir* para poner en marcha el sistema.[23] En consecuencia, parece que solo hay (en los experimentos repetidos) leyes deterministas de evolución y sucesiones arbitrarias de condiciones iniciales. En cada experimento, una vez producidas las condiciones iniciales elegidas arbitrariamente (salvo las limitaciones normalmente aceptadas), se deja aislado al sistema, siempre con la misma energía.

¿Pero entonces, en qué número de partículas la mecánica pasa a ser mecánica estadística? ¿O es que un proceso para pocas partículas es del mismo tipo que para muchas? Si así fuese, no habría mecánica de partículas. Solo habría mecánica estadística. La mecánica habría sido reducida a la mecánica estadística y no a la inversa. Este punto es muy delicado, porque si es así, entonces hay una sola mecánica: la mecánica estadística. Y habría arreglos iniciales prohibidos y otros permitidos aun para una partícula, lo que, por otra parte, parece resultar completamente absurdo si tenemos en cuenta lo que dijimos en el párrafo anterior.

Pienso que para el caso de muchas partículas –sin más, nuestro ejemplo en la sección 3.2– podríamos suponer un duende omnisciente, de modo que fije las condiciones iniciales en cada experimento y deje aislado al sistema, siempre con la misma energía. El duende (como nosotros con pocas partículas) no agrega ni quita energía al sistema. Más bien, fija dicha energía en el valor deseado y cierra el sistema. No habría por lo tanto restricciones, lo mismo que en el caso de las tres, o dos o una bola manipulable. Creo, por lo tanto, que hay una sola mecánica (no hay nada que reducir). Y el aparente absurdo sigue en pie.

4.2 La conjetura

Propongo la siguiente conjetura posible para intentar resolver este problema: *Cuando el duende o nosotros elegimos arbitrariamente la sucesión de condiciones iniciales, es decir, el arreglo inicial, lo que hacemos es agregar en cada experimento condiciones de contorno de modo que no quede lugar para más restricciones ("extra"). Por lo que las condiciones iniciales quedan totalmente determinadas por las condiciones de con-*

---

[23] No tomo en cuenta los errores en la implementación de dichas condiciones iniciales. Pero siempre se pueden encontrar ejemplos (en mecánica clásica) en los que ello no incide en la argumentación. Por el mismo motivo, tampoco tomo en cuenta que no se trata de partículas sino de cuerpos (esferitas) de dimensiones sensiblemente apreciables.

torno y la energía (limitaciones normalmente aceptadas), con lo cual desaparecen los grados de libertad abiertos para que funcionen las restricciones "extra" sobre ellos y se den solamente las distribuciones probabilistas de condiciones iniciales que permiten el producto aleatorio (equilibrio) que se observa.[24]

De ese modo se compatibiliza la existencia de restricciones "extra" en los casos en los que no se *eligen* las condiciones iniciales, con la falta de tales restricciones cuando *se eligen* dichas condiciones. La diferencia entre mecánica y mecánica estadística queda eliminada del campo ontológico y solo se mantiene en el campo gnoseológico: con pocas partículas podemos *elegir* las condiciones iniciales en cada repetición del experimento. Con muchas partículas (caso de las moléculas del aire, por ejemplo) no podemos realizar dicha elección (no somos duendes omniscientes). Por lo tanto, quedan grados de libertad abiertos para que funcionen las restricciones "extra" sobre ellos y se den solamente las distribuciones probabilistas de condiciones iniciales que permiten el producto aleatorio (equilibrio) que se observa.

5. Nota complementaria: dos nociones ontológicas de probabilidad

El concepto de *probabilidad* cambia totalmente (aunque cumpla formalmente los mismos axiomas) cuando se trata –no en nuestro caso– de *probabilidad en las leyes de evolución (leyes probabilísticas)* y cuando se trata de *distribución probabilista en las condiciones iniciales (arreglos iniciales).*

En el primer caso, que no se aplica a la mecánica estadística (clásica), es la probabilidad de que el sistema *evolucione* en alguna de las ramas en que se bifurca (o multifurca) el sistema.

En el segundo, es la probabilidad de *ocurrir* de cada *condición inicial*. Un arreglo es una distribución de probabilidades de condiciones iniciales. Cada condición inicial (punto en el espacio de las fases) tiene una probabilidad –o densidad de probabilidad– *de ocurrencia*.

Agradecimientos

Este trabajo se enmarca en proyectos de investigación que dirige el autor en la Universidad Nacional de General Sarmiento y en la Universidad de Buenos Aires. El autor agradece a Mario Castagnino, Eduardo Izquierdo, Hernán Miguel, Alberto Moretti, Ricardo Page, Jorge Paruelo, Lilia Romanelli y José Ure, comentarios a versiones previas, que permitieron mejorar el contenido del trabajo. Mi mayor agradecimiento se dirige a dos personas: Olimpia Lombardi, que me asesoró durante la revisión del trabajo, aportan-

---

[24] A lo sumo, quedan los grados de libertad dados por el error en la implementación de las condiciones iniciales.

do tantas sugerencias e indicaciones, que puedo afirmar que su ayuda fue fundamental para evitar errores de importancia. Y Horacio Abeledo, que leyó y comentó ampliamente mi trabajo en diferentes versiones y discutió públicamente una de ellas, permitiendo así un desarrollo más libre de errores y que dio lugar al interés por contestar las preguntas fundamentales que realizó.

Referencias bibliográficas

Batterman, R.W. (1998), "Why Equilibrium Statistical Mechanics Works: Universality and the Renormalization Group", *Philosophy of Science* 65: 183-208.

Earman, J. (1986), *A Primer on Determinism*, Dordrecht/Boston/Lancaster/Tokyo: Reidel.

Earman, J. & M. Rédei (1996), "Why Ergodic Theory Does Not Explain the Success of Equilibrium Statistical Mechanics", *British Journal of Philosophy of Science* 47: 63-78.

Flichman, E.H. (2002), "Grados de determinismo e indeterminismo", en Lorenzano, P. & F. Tula Molina (eds.), *Filosofía e Historia de la Ciencia en el Cono Sur*, Bernal: Universidad Nacional de Quilmes, pp. 155-160. (También publicado como Flichman, E.H. (2001), en Secretaría de Investigación (ed.), *Problemas de investigación, ciencia y desarrollo*, Los Polvorines: Universidad Nacional de General Sarmiento, pp. 419-424.)

Friedman, K.S. (1976), "A Partial Vindication of Ergodic Theory", *Philosophy of Science* 43: 151-162.

Grünbaum, A. (1973), *Philosophical Problems of Space and Time*, Dordrecht/Boston: Reidel. (Segunda edición, ampliada.)

Krylov, N. (1979), *Works on the Foundations of Statistical Physics*, Princeton: Princeton University Press.

Lebowitz, J.L. & O. Penrose (1973), "Modern Ergodic Theory", *Physics Today*: 23-29.

Malament, D.B. & S.L. Zabell (1980), "Why Gibbs Phase Averages Work – The Role of Ergodic Theory", *Philosophy of Science* 47: 339-349.

Mehlberg, H. (1980), *Time, Causality and the Quantum Theory*, Dordrecht: Reidel.

Montague, R. (1974), "Deterministic Theories", en Thomason, R.H. (ed.), *Formal Philosophy*, New Haven, Connecticut: Yale University Press, pp. 303-359.

Quay, S.J.P.M. (1978), "A Philosophical Explanation of the Explanatory Functions of Ergodic Theory", *Philosophy of Science* 45: 47-59.

Reichenbach, H. (1956), *The Direction of Time*, Berkeley: University of California Press.

Sklar, L. (1973), "Statistical Explanation and Ergodic Theory", *Philosophy of Science* 40: 194-21.

Sklar, L. (1993), *Physics and Chance – Philosophical Issues in the Foundations of Statistical Mechanics*, Cambridge/New York/Melbourne: Cambridge University Press.

Tolman, R. (1938), *The Principles of Statistical Mechanics*, Oxford: Oxford University Press.

Vranas, P.B.M. (1998), "Epsilon-Ergodicity and the Success of Equilibrium Statistical Mechanics", *Philosophy of Science* 65: 688-708.

www.ingramcontent.com/pod-product-compliance
Lightning Source LLC
Chambersburg PA
CBHW071842200326
41519CB00016B/4204